避险与救助全攻略丛书

# 非法侵害 应对与救助

FEIFA QINHAI YINGDUI YU JIUZHU

陈祖朝　丛书主编
范茂魁　本册主编

中国环境出版社·北京

**图书在版编目（CIP）数据**

非法侵害应对与救助／范茂魁主编．—北京：
中国环境出版社，2013.5（2014.8 重印）
（避险与救助全攻略丛书／陈祖朝主编）
ISBN 978-7-5111-1425-9

Ⅰ．①非…　Ⅱ．①范…　Ⅲ．①自救互救—基本知识
Ⅳ．①X4

中国版本图书馆 CIP 数据核字（2013）第 076816 号

出 版 人　王新程
责任编辑　俞光旭
责任校对　唐丽虹
装帧设计　金　喆

出版发行　中国环境出版社
　　　　　（100062 北京市东城区广渠门内大街 16 号）
　　　　　网　　　址：http://www.cesp.com.cn
　　　　　电子邮箱：bjgl@cesp.com.cn
　　　　　联系电话：010-67112765（编辑管理部）
　　　　　发行热线：010-67125803，010-67113405（传真）
印　　刷　北京中科印刷有限公司
经　　销　各地新华书店
版　　次　2013 年 5 月第 1 版
印　　次　2014 年 8 月第 2 次印刷
开　　本　880×1230　1/32
印　　张　5 .25
字　　数　110 千字
定　　价　16.00 元

# 《避险与救助全攻略丛书》 编委会

主　编：陈祖朝

副主编：陈晓林　周白霞

编　委：周白霞　马建云　王永西

　　　　陈晓林　范茂魁　高卫东

# 《非法侵害应对与救助》

本册主编：范茂魁

编　者：范茂魁　李志红　张成立

　　安全是人们从事生产生活最基本的需求，也是我们健康幸福最根本的保障。如果没有安全保障我们的生命，一切都将如同无源之水、无本之木，一切都无从谈起。

　　生存于 21 世纪的人们必须要意识到，当今世界，各种社会和利益矛盾凸显，恐怖主义势力、刑事犯罪抬头，自然灾害、人为事故频繁多发，重大疫情和意外伤害时有发生。据有关资料统计，全世界平均每天发生约 68.5 万起事故，造成约 2 200 人死亡。我国是世界上灾害事故多发国家之一，各种灾害事故导致的人员伤亡居高不下。2012 年 7 月 21 日，首都北京一场大雨就让 77 人不幸遇难；2012 年 8 月 26 日，包茂高速公路陕西省延安市境内，一辆卧铺客车与运送甲醇货运车辆追尾，导致客车起火，造成 36 人死亡，3 人受伤；2012 年 11 月 23 日，山西省晋中市寿阳县一家名为喜羊羊的火锅店发生液化气爆炸燃烧事故，造成 14 人死亡，47 人受伤……

　　灾难的无情和生命的脆弱再一次考问人们，当遇到自然灾害、紧急事故、社会安全事件等不幸降临在你我面前，尤其是在没有救护人员和专家在场的生死攸关的危难时刻，我们该怎样自救互救拯救生命，避免伤亡事故发生呢？

带着这些问题，中国环境出版社特邀了长期在抢险救援及教学科研第一线工作的多位专家学者，编写并出版了这套集家庭突发事件、出行突发事件、火灾险情、非法侵害、自然灾害、公共场所事故为主要内容的"避险与救助全攻略丛书"，丛书的出版发行旨在为广大关注安全、关爱生命的朋友们支招献策。使大家能在灾害事故一旦发生时能够机智有效地采取应对措施，让防灾避险、自救互救知识能在意外事故突然来临时成为守护生命的力量。

整套丛书从保障人们安全的民生权利入手，针对不同环境、不同场所、不同对象可能遇见的生命安全问题，以通俗简明、图文并茂的直接解说方式，教会每一个人在日常生活、学习、工作、出行和各种公共活动中，一旦突然遇到各种灾害事故时，能及时、正确、有效地紧急处置应对，为自己、家人和朋友构筑起一道抵御各种灾害事故危及生命安全的坚实防线，保护好自己和他人的生命安全。但愿这套丛书能为翻阅它的读者们，打开一扇通往平安路上的大门。

借此要特别说明的是：在编写这套丛书的过程中，我们从国内外学者的著作（包括网络文献资料）中汲取了很多营养，并直接或间接地引用了部分研究成果和图片资料，在此我们表示衷心的感谢！

祝愿读者们一生平安！

编委会

# 前　言

　　天有不测风云，人有旦夕祸福，公民日常工作、学习、生活中不可能都是一帆风顺的。由于各种社会因素的影响，公民可能会遭遇到各种形式的非法侵害。面对非法侵害，我们不可能随时、随地寻求公权力救助，此时要发挥每一个人的聪明才智和自救技能，积极、科学、合理地和各种非法侵害行为作斗争，这在一定程度上不但可以震慑犯罪分子，甚至还可有效保护自己的生命、财产安全，维护社会的稳定与和谐。

　　为提高公民遭遇非法侵害时的自救能力和自救技能，我们组织人员编写了《避险与救助全攻略——非法侵害应对与救助》。本书依据国家法律、法规和规章制度，结合大量的非法侵害案例，提炼出公民遭遇非法侵害时的自救对策，对指导公民科学、合理地与非法侵害行为作斗争具有重要的现实意义。本书第一章、第三章由公安消防部队昆明指挥学校张成立编写，第二章、第四章由公安消防部队昆明指挥学校李志红编写，第五章由公安消防部队昆明指挥学校范茂魁编写。

在编写过程中，我们亦借鉴了一些前人在相关领域的经验与实用方法，并得到公安消防部队昆明指挥学校陈晓林老师在编写要求方面的认真指点，在此表示衷心的感谢。

　　由于编写时间仓促，加之编者水平有限，不足之处请读者批评指正。

# 目录

# 第一章　非法侵害简介

　　非法侵害是指因他人的故意或过失行为导致公民的合法人身权、财产权受到侵害的行为。非法侵害会对公民的人身权、财产权造成威胁或损害。面对非法侵害时，积极做好防范工作，采取科学、合理的应对措施，可最大限度地避免和减少非法侵害造成的损失与危害。

## 一、常见非法侵害简介

### 非法侵害的种类

#### 1. 社会非法侵害

　　社会非法侵害，是指使用非法手段（包括以暴力相威胁），以特定的或者不特定的人或物为侵害对象，蓄意危害他人人身、生命、财产安全和社会安全的行为，如：强奸、强制猥亵、抢劫、暴乱、绑架、故意杀人、爆炸、医闹等。

例如，近年来愈演愈烈的医闹行为，往往采取在医院设灵堂、打砸财物、设置障碍阻挡患者就医，或者殴打医务人员、跟随医务人员，或者在诊室、医师办公室、领导办公室内滞留等，以严重妨碍医疗秩序、扩大事态、给医院造成负面影响的形式给医院施加压力，从中牟利。2012年4月30日，卫生部、公安部联合发出《关于维护医疗机构秩序的通告》，明确警方将依据《治安管理处罚法》，对医闹等予以处罚，乃至追究刑事责任。

## 2. 家庭非法侵害

家庭非法侵害，是指发生在家庭成员之间，以殴打、捆绑、禁闭、残害或者其他手段对家庭成员从身体、精神、性等方面进行伤害和摧残的行为。它直接作用于受害者身体，使受害者身体或精神上感到痛

苦，损害其身体健康和人格尊严。多发生于有血缘、婚姻、有收养关系生活在一起的家庭成员间，如丈夫对妻子、父母对子女、成年子女对父母等，但妇女受丈夫的侵害是最普遍的，她们受到的身心伤害也最大，严重者会造成死亡、重伤、轻伤、身体疼痛或精神痛苦。

## 3. 校园非法侵害

校园非法侵害，此类非法伤害主要分为精神伤害、身体伤害以及危及生命

安全的非法伤害。校园内的伤害案件时有发生，这些伤害案件给学生的学习、生活带来了很大的负面影响。近期热点为：一是外部人士进入校园殴打学生和老师，呈团伙化、预谋化、低幼化；二是校园内部的非法侵害。

### 4. 网络非法侵害

网络非法侵害，是指行为人运用计算机技术，借助于网络对系统或信息进行攻击，破坏或利用网络进行其他犯罪的总称。既包括行为人运用其编程、加密、解码技术或工具在网络上实施的犯罪，也包括行为人利用软件指令、网络系统或产品加密等技术

及法律规定上的漏洞在网络内外交互实施的犯罪，还包括行为人借助于其居于网络服务提供者特定地位或其他方法在网络系统实施的犯罪。

### 5. 突发公共安全事件侵害

突发公共事件是指突然发生，造成或者可能造成重大人员伤亡、财产损失和严重社会危害、危及公共安全的事件。典型的如恐怖袭击、社会暴力事件、校园暴力事件、社会群体事件、纵火事件等，犯罪分子实施类似犯罪活动时，可能没有明确的非法侵害目标，或虽有明确侵害目标，但其暴力侵害危及范围又常超出犯罪分子的控制范围，受伤害的可能是不确定公众，因此公众预防的难度和非法侵害造成的损害较大。

## 非法侵害的危害

### 1. 侵犯了受害人的合法权益

非法侵害侵犯了受害人的合法财产权益和身心健康。由于受害人处于弱势地位和惧怕心理，众多受害者在被侵害时不仅财产、安全等得不到保障，还存在不敢报案等现象，使许多案件得不到及时处理，这样一方面纵容了侵害的发生，另一方面真相未能显现而成为"隐蔽的社会问题"。如，网络非法侵害中的"人肉搜索"，被"人肉搜索"后，当事人的姓名、工作单位、家庭成员以及住址都被公布在互联网上，这造成了诸多不便，当事人更是遭受了直接、巨大的心理压力，而且心灵受到极大的伤害。

### 2. 形成了社会不稳定的重要因素

非法侵害对人们生命财产和社会秩序造成了严重破坏，严重威胁群众的生命财产安全与社会的安全稳定，更是对法律的践踏，因而是为民心所不许、为情理所不应、为法律所不容的。我们必须坚决抵制这些破坏社会团结、民族团结、影响社会稳定、破坏和谐社会的舆论和行为。

### 3. 形成了家庭不稳定的重要因素

非法侵害的发生对受害人家庭和行凶者的家庭都可能造成极大

的伤害。在很大程度上诱发家庭悲剧的发生，最终毁掉原来的幸福家庭，如家破人亡、妻离子散等。家庭是社会的细胞，家庭的不稳定，可能会对社会产生巨大影响，也必然危害社会的稳定和谐。

## 二、如何预防非法侵害

近年来，非法侵害事件屡见报端。作为公民，应时刻做到遵纪守法，理性解决生活中的矛盾，否则触犯法律将后悔莫及。

### 远离非法侵害

1. 不姑息纵容，防止再次受到侵害

对于受害者来说，非法侵害往往不会主动停止，反而会食髓知味，故在受害之后，受害人不应姑息纵容非法侵害行为的继续发生。有任何伤害，应寻求解决之道，防止再次受到非法侵害。

2. 控制情绪，避免冲动

对于当事人来说，很多非法侵害事件，都是由于当事人的一时冲动造成的。

• 如何避免冲动？

（1）说出来——如果你对谁非常恼火，想要"教训"他，在这么做之前，一定要把想法告诉家人、朋友或老师，他们会想出一个合理的办法来解决你的愤怒。

（2）换位思考——站在对方的角度想一想，你会是什么感受？

你的行为会给别人带来长时间的恐惧和痛苦，你忍心吗？

（3）先想后果——这值得吗？如果你侵害了别人的合法权益，你就会受到惩罚，甚至会受到法律制裁！而这一切，真的值得吗？

## 远离有非法侵害倾向的人

认知、自控能力差及缺乏法律常识是犯罪的根源。我国的犯罪人数呈现逐年增多，并且有向低龄化、团伙化、恶性化发展的趋势，对社会稳定造成了危害。

犯罪原因，主要与个体生长环境和个人的成长经历有关，不良的个体条件加上认知能力和自控能力差、缺乏法律常识，在人格重建和心理极易扭曲的危险期如不及时矫治就会导致心理障碍，形成各种程度不同的心理疾病，这些病态心理轻则会影响健康人格的形成，重则会助长犯罪，遇到社会上不良影响就容易导致犯罪。

## 远离非法侵害事件

观察学习、潜移默化、相互模仿是行为形成的重要途径。心理学家说，刺激性的活动可以让人忘乎所以、沉迷不已，可以让人失去理智。在日常生活中，首先，应该对所发生的非法侵害事件、所看的电视节目、所玩的游戏加以甄别，避免遭受暴力、凶杀和色情画面的毒害，从而净化环境。其次，远离非法侵害事件也是保护公民人身权、财产权不受侵害的重要途径。

## 三、遭遇非法侵害时的防卫

### 正当防卫

依据《中华人民共和国刑法》第 20 条规定：为了使国家、公共利益、本人或者他人的人身、财产和其他权利免受正在进行的不法侵害，而采取的制止不法侵害的行为，对不法侵害人造成损害的，属于正当防卫，不负刑事责任。

正当防卫是我国《刑法》赋予人们抵抗、制止不法侵害的一项权利，同时也是一项社会义务。每个公民遇到不法侵害行为发生，都应该挺身而出，制止不法侵害行为。某些特殊职业的人如警察，正当防卫还是其法律义务。

### 防卫过当

防卫过当，是指行为人在实施正当防卫时，超过了正当防卫所需要的必要限度，并造成了不应有的危害行为。防卫明显超过必要限度造成重大损害的，应负刑事责任，但是应当减轻或免除处罚。

让你欺负我

防卫过当具有以下主要特征：

（1）必须是明显超过必要限度。这里所说的"必要限度"是指为有效地制止不法侵害所必需的防卫强度；"明显超过必要限度"是指一般人都能够认识到其防卫强度已经超过了正当防卫所必需的强度，也就是应当以防卫行为是否能制止正在进行的不法侵害为限度。

（2）对不法侵害人造成了重大损害。这里说的"重大损害"是指由于防卫人明显超过必要限度的防卫行为造成不法侵害人人身伤亡等严重后果。

应负刑事责任：

防卫过当是指正当防卫明显超过必要限度，给不法侵害人造成重大损害的行为。在我国刑法中，防卫过当并不是一个独立的罪名。因此，在司法实践中，对于防卫过当应当根据行为人的主观罪过与客观后果，援引相应的刑法分则条文定罪。不认为是正当防卫、防卫过当的应当负刑事责任，但对正在实施的行凶、杀人、抢劫、强奸、绑架以及其他严重危及人身安全的暴力犯罪采取防卫行为，造成不法侵害人伤亡的，不认为是正当防卫过当，不负刑事责任。防卫过当的刑事处罚根据我国《刑法》规定，对于防卫过当的，应当减轻或者免除处罚。防卫过当只对其不应有的危害结果承担刑事责任，而不对全部损害结果承担刑事责任。

 假想防卫

"假想防卫"是指行为人由于主观认识上的错误，误认为有不法侵害的存在，实施防卫行为，结果造成损害的行为。

假想防卫具有以下主要特征：

（1）不法侵害行为的实际不存在。

（2）行为人主观上存在防卫意图。

（3）行为人的"防卫"行为给无辜者造成了损害。

假想防卫应负刑事责任：

（1）行为人应当预见到没有不法侵害而没有预见，造成危害结果，应负过失犯罪的刑事责任。

（2）行为人由于不能预见的原因引起了防卫行为，而在防卫过程中从使用的工具、打击的部位、造成的后果显属不当，叫"假想防卫过当"，行为人应当对过当的结果负责，可以比照防卫过当来处理。责任比防卫过当轻一点。

（3）主观条件的限制，行为人不可能预见到，所采取的手段方法也无不当之处，应属于"意外事件"。

（4）行为人既是假想防卫，也是提前防卫，主观过错应属"故意"。

 特殊防卫

特殊防卫，也称"特别防卫"，是指公民在某些特定的情况下所实施的正当防卫行为，没有必要的限度与限制，对其防卫行为的

任何后果均不负刑事责任的情形。我国《刑法》第20条第3款规定：对正在进行行凶、杀人、抢劫、强奸、绑架以及其他严重危及人身安全的暴力犯罪，采取防卫行为，造成不法侵害人伤亡的，不属于防卫过当，不负刑事责任。

特别防卫，需具备以下条件：

（1）特别防卫首先应具备成立正当防卫的起因、时间、对象、主观这四个基本条件。

（2）特别防卫还必须具备特定的对象条件，即只有对严重危及人身安全的暴力犯罪进行防卫时，才成立特别防卫；而对于一般违法行为的暴力行为、非暴力犯罪、轻微暴力犯罪、一般暴力犯罪进行正当防卫时，不适用特别防卫。

（3）实施特别防卫应注意，在任何情况下都不允许在时间上不当。即使是遇到严重危及人身安全的暴力犯罪，也不允许在不法侵害结束后继续打击不法侵害人。

（4）只有当上述犯罪严重危及人身安全，即防卫人为保护人身安全进行防卫时。

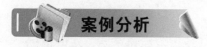

## 案例分析

◆案例一：一天晚上，田华从同学家归来，路过一条偏僻的胡同时，从胡同口处跳出一个持刀青年黄某。黄某把刀逼向田华并让他交出钱和手表。田华扭头就跑，结果跑进了死胡同，而黄某持刀紧随其后，慌乱害怕中，田华拿起墙角的一根木棒。向黄某挥去，黄某应声倒下。田华立即向派出所投案，后经查验，黄某已死亡。

　　根据《刑法》第20条第3款规定：对正在进行的行凶、杀人、抢劫、强奸、绑架以及其他严重危及人身安全的暴力犯罪，采取防卫行为、造成不法侵害人死亡的，不属于防卫过当，不负刑事责任。本案中，田华对正在进行持刀抢劫的黄某采取防卫行为，将之打死，属于正当防卫。

　　◆案例二：孙明亮，男，19岁。某晚孙明亮和蒋小平去看电影。见郭鹏祥及郭小平、马忠全三人纠缠少女陈某、张某。孙明亮和蒋小平上前制止，与郭鹏祥等人发生争执。蒋小平打了郭鹏祥一拳，郭鹏祥等三人逃跑。孙明亮和蒋小平遂将陈某、张某护送回家。此时郭鹏祥、郭小平、马忠全召集其友胡某等四人，结伙寻找孙明亮、蒋小平，企图报复。发现孙明亮、蒋小平后，郭鹏祥猛击蒋小平数拳，蒋小平和孙明亮退到垃圾堆上。郭鹏祥继续扑打，孙明亮掏出随身携带弹簧刀照郭鹏祥左胸刺了一刀，郭鹏祥当即倒地，孙明亮又持刀在空中乱划了几下，便与蒋小平乘机脱身。郭鹏祥失血过多，送往医院途中死亡。

　　孙明亮的行为属于防卫过当，不是正当防卫，应当依法负刑事责任。理由是：

（1）孙明亮具备正当防卫的条件。郭鹏祥等人拉扯纠缠少女被孙明亮等人制止后，又返回寻衅滋事，继续实施不法侵害，孙明亮等人有权进行正当防卫。

（2）孙明亮的防卫行为明显超过了必要的限度，造成了重大损害，属于防卫过当。郭鹏祥等人虽然实施了不法侵害，但强度较轻，只是用拳头殴打，而孙明亮防卫时则使用弹簧刀照郭鹏祥的胸部刺了一刀，将其刺死，其防卫的手段、强度都明显大大超过了不法侵害人所实施的不法侵害的手段、强度，并且造成了不法侵害人死亡的重大损害结果，属于防卫过当。

（3）本案不适用《刑法》规定的对于正在行凶、杀人、抢劫、强奸、绑架以及其他严重危及人身安全的暴力犯罪，采取防卫行为，造成不法侵害人伤亡的，不属于防卫过当，不负刑事责任的规定。因为郭鹏祥的侵害行为没有达到严重危及人身安全的程度，仍属于比较轻微的不法侵害行为。

（4）根据我国《刑法》的规定，防卫过当的，应当负刑事责任，但是应当减轻处罚或者免除处罚。

◆案例三：赖某，男，25岁。某日晚，赖某见两男青年正在侮辱他的女朋友，即上前制止，被其中一男青年殴打，被迫还手。对打时，便衣警察黄某路过，见状抓住赖某的左肩，但未表明公安人员的身份。赖某误以为黄某是帮凶，便拔刀刺黄某左臂一刀逃走。

（1）赖某打击便衣警察的行为属于假想防卫，应当负刑事责任。

（2）赖某对便衣警察的伤害行为是故意的。在本案中，赖某对便衣警察是否为侵害人的同伙在认识上有过失，但对便衣警察的伤害行为却是故意的，而不是过失。

（3）赖某没有认识到便衣警察的身份，主观上没有妨害警察执行公务的故意，不能以妨害公务罪定罪处罚。

◆案例四：2007 年 12 月，甲于深夜潜入乙宅，伺机盗窃，乙听到动静后起床并将甲堵在屋内，甲为逃离遂与乙发生打斗，其间，与乙一起居住的乙父丙亦惊醒起床，前来帮助乙擒甲，见乙被甲卡住脖子，即将窒息，于是丙就操起身边的菜刀对准甲就是一刀。但甲受伤后仍旧逃脱，后因为伤势严重死亡。

丙的行为构成特殊正当防卫，不应承担刑事责任。因为甲入室盗窃在先，且被乙发现后准备逃逸，并与乙扭打在一起，符合我国《刑法》关于转化型抢劫罪的规定，而对此法律规定是构成特殊正当防卫，是不需要承担刑事责任。

## 四、遭遇非法侵害时的紧急避险

**紧急避险**

紧急避险，是指为了国家、公共利益、本人或者他人的人身、财产和其他权利免受正发生的危险，不得已而采取的损害另一较小合法权益的行为。

《刑法》第 21 条规定："为了使国家、公共利益、本人或者他人的人身、财产和其他权利免受正在发生的危险，不得已采取的紧急避险行为，造成损害的，不负刑事责任"，同时，又规定"紧急避险超过必要限度造成不应有的损害的，应该负刑事责任，但是应当减轻或者免除处罚"。

紧急避险成立必须具备以下条件：

（1）起因条件。紧急避险的起因条件，是指必须有需要避免的危险存在。

（2）时间条件。紧急避险的时间条件，是指危险必须正在发生。

（3）对象条件。紧急避险的本质特征，就是为了保全一个较大的合法权益，而将其面临的危险转嫁给另一个较小危险的合法权益。因此，紧急避险的对象，只能是第三者的合法权益，即通过损害无辜者的合法权益保全公共利益、本人或者他人的合法权益。

（4）主观条件。紧急避险的主观条件即行为人必须有正当的避险意图。

（5）限制条件。紧急避险只能是出于迫不得已。所谓迫不得已，是指当危害发生之时，除了损害第三者的合法权益之外，不可能用其他方法来保全另一合法权益。

（6）限度条件。紧急避险的限度条件，是指紧急避险不能超过必要限度造成不应有的损害。

## 案例分析

◆案例：2001年3月13日下午，陈某因曾揭发他人违法行为，被两名加害人报复砍伤。陈某逃跑过程中，两加害人仍不罢休，持刀追赶陈某。途中，陈某多次拦车欲乘，均遭出租车司机拒载。当两加害人即将追上时,适逢一中年妇女丁某骑摩托车(价值9 000元)缓速行驶,陈某当即哀求丁某将自己带走,但也遭拒绝。眼见两加害人已经逼近,情急之下,陈某一手抓住摩托车,一手将丁某推下摩托车(丁某倒地,但未受伤害),骑车逃走。

陈某夺取摩托车的行为构成紧急避险。紧急避险是指为了使国家、公共利益、本人或者他人的人身、财产和其他权利免受正在发生的危险,不得已给另一较小合法权益造成损害的行为。题中陈某因揭发他人违法行为,而被两名加害人报复砍伤,在逃跑的过程中迫不得已为了保护自己的人身权利,夺用丁的摩托车逃走,虽损害了他人合法权益,但保全了较大的合法利益,符合紧急避险的构成要件。

# 第二章 人身侵害

改革开放以来，我国城乡经济发展、社会进步，人民群众安居乐业。但是，伴随着经济、社会的发展进步，人身侵害案件也逐年上升，严重威胁人民群众生命安全。通过对已发生的侵害案件进行剖析，发现一些单位和群众防范意识不强、防范技能不高，是导致案件发生的重要因素之一。为此，对人身侵害的预防和应急要点的介绍，旨在进一步提高群众的防范意识和技能，尽可能减少和避免人身侵害的发生，降低有可能发生的侵害损失。

## 一、绑架

绑架是指以勒索财物为目的，使用暴力、胁迫或麻醉等方法，劫持、要挟人质或他人的犯罪行为。

 **如何预防绑架**

一般说来，绑架的目的主要是为了索取高额钱财，其作案手段除了少数强行劫持外，更多的是采取诱骗的方法。因此，青少年朋友们

对一些突如其来的"热心人"、陌生人，要多加小心，不要轻易跟他们走。

（1）防"露底"。不要在公众场合炫耀财富。注意保护好自己与家人的相关信息，如手机号码、家庭住址、经常行走的路线等。

（2）知去向。当家庭成员，尤其是未成年人较长时间未归、又无法取得联系时，应及时寻求警方帮助。

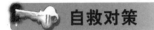

### 自救对策

#### 1. 人质应急

（1）伺机呼救。若在人多的地方遭绑架，应大声呼救，奋力抵抗。在被劫持途中，遇到来人，也应大声呼救。附近有警察、军人时更应呼救求援。

（2）留下记号。在遭遇绑架和被劫持途中，应尽可能留下记号，如丢下随身物品、写字条、留下警示标记等，将自己被绑架的信息传递给他人，以利于被及时发现。

（3）了解方位。在被劫持途中，应尽可能了解自己所处的方位。若双眼被蒙，可通过计数的方式，估算汽车行驶的时间和路途的远近，记住转弯的次数、大致的方向等。

（4）保存体力。解决人质劫持事件，往往需要较长时间，人质应注意保存体力。

（5）巧妙周旋。应与歹徒巧妙周旋，争取与亲属通话，巧妙告知自己所处的位置、现状等情况。千万不要与歹徒发生正面冲突，避免激怒对方。

（6）伺机逃生。在被劫持途中，应积极寻找时机，果断逃离。

（7）配合营救。积极配合营救人员对犯罪分子发起的攻击，并按照营救人员的指令撤离。

（8）要设法熟记歹徒的容貌、衣着、口音、特征、车牌号码、车型以及歹徒对话的内容，以便协助公安机关侦破。

## 2. 家属应急

（1）及时报警。家庭成员被绑架，家属应立即报警。不要私下与歹徒谈判或交易，以免耽误营救时间或错过最佳解救时机。

（2）隐蔽报案。人质家属报警时，应采取隐蔽方式，防止消息泄

警察同志，我女儿被绑架了！

露，危及人质安全。

（3）提供线索。向警方提供案发前后出现的可疑人员、可疑电话、可疑车辆、人质的详细社会关系，以及案发后犯罪嫌疑人的联系方式、要求等线索。

（4）协助解救。按照警方提示，与歹徒巧妙周旋，并积极配合警方的解救方案，协助营救，不可自作主张。

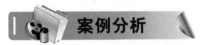 **案例分析**

◆案例：2010 年 1 月 18 日，王某到公交车站去接放学的女儿小琪（化名），却始终不见人影。焦急的父母与学校取得联系，得到的答案是：你女儿一整天没来上课呀。众人急忙分头寻找，寻到次日凌晨 4 时多，女儿通过学校保安给家里打电话，父母这才知道女儿被人绑架了！万幸的是，她自己设法逃离了绑架者的虎口！

与往常一样，1 月 18 日凌晨 5 时许，母亲就把小琪送上公交车，并嘱咐她路上要注意安全。20 多分钟后，小琪所乘坐的 43 路公交车到达蒋村公交中心站。下车后，学校就在前面不远处。小琪并没意识到，危险正在向她靠近。到了学校东侧小路口时，一个戴着口罩的年轻男子突然从后面靠近小琪。对方拉着小琪，要她带到学校去找人。男子边走，边将小琪往旁边的小路上拉。小琪发现情况不对，就喊"救命"，但附近没人。接着，男子连推带拉，并用手捂住小琪的嘴，还恶狠狠地说："不要喊，否则对你不客气！"男子将小琪戴上了事先准备好的眼罩，将她强拉硬扯，带到学校北侧的电缆桥桥洞里面，用绳子把小琪的手脚全部捆住。这时，小琪意识到自己被绑架了。为了稳住对方，在男子询问小琪家里的情况、父亲的名字和手机号码以及有多少存款时，小琪把知道的信息都告诉了对方。直到晚上 22 时左右，小琪都陪着男子聊天，直到两人都觉得累了。那男子用毛线球塞住小琪的嘴，还用胶带纸粘牢。不久，那男子就离开了。小琪等了挺长时间，见没有动静，就想设法逃走，但她的双手被绑在身后。小琪用手摸到身后有一块凸出来的硬物（石头或水泥块），就将绑在手上的绳子在那凸出物上用力来回磨。手上磨出了几道血口子，终于磨断了绳子。她取下眼罩，解开绑腿的绳子，迅速逃出了桥洞。

从本案例可以看出，小琪能够脱险，与她本人的沉着冷静有很大关系，但学校管理方面也需要加强，比如中小学校的班主任或任课老师，发现学生半天或一天没来上课，事先也没有请假，就应该及时与家长取得联系。这样，既能掌握学生的行踪，又可尽量避免意外事件的发生。

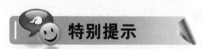

### 特别提示

（1）受害人要冷静镇定，假装配合，不要激怒歹徒。若歹徒持有凶器，受害人应设法安抚攀谈，让其放下凶器。牢记歹徒身高、体形、口音、衣着等特殊之处。牢记周围环境特征。如决定反击，可利用随身携带之雨伞、发卡或利用身旁的沙石、砖瓦等，对歹徒的眼、耳、下体等脆弱部位，给予奋力一击，赶紧逃脱。

（2）一旦发生绑架事件，人质家属不要害怕绑匪的恐吓，应及时到公安机关报警。

## 二、拐卖

拐卖是指以出卖为目的，有拐骗、绑架、收买、贩卖、接送、中转妇女儿童的行为。我们传统意义上指的人贩子贩卖人口为妇女、子女。

### 如何预防拐卖儿童

（1）带孩子外出时，要随时注意孩子是否在身旁或在视线范围内，切记不要一遇到熟人或感兴趣的事情，就只顾自己聊天或观赏而忘记了孩子，结果使孩子意外走失。

（2）教孩子拒绝陌生人的饮料、糖果、礼物和搂抱，不跟陌生人走等，以防犯罪分子以各种手段骗取孩子的信任，将孩子拐骗。

（3）家长尽量不要带孩子到大型商店、热闹街道、大型活动场所等，以免因人多拥挤，被犯罪分子拐走孩子。

（4）家长有急事时，千万不要让陌生人照看孩子，哪怕时间很短，也不

能这样做。

（5）大一些的孩子外出时必须让大人掌握行踪，并尽量结伴而行。家长同时要告诫孩子不要到荒凉、偏僻的地方玩耍。

（6）聘请保姆时，一定要查清其真实身份并掌握相关资料，防止引狼入室。

（7）到幼儿园或学校接送孩子时，严格遵守有关规定，一定要使用"接送卡"，尽量别让外人帮忙接孩子，防止犯罪分子乘虚而入。

（8）告诉孩子家庭住址、父母工作单位的全称及电话号码并让其熟记，告知孩子在迷路或被拐骗、绑架时，应找警察或者拨打110，同时可以模拟特殊情况，让孩子进行演练。

（9）充分发扬助人为乐的良好社会风气，任何人遇到迷路儿童时，请及时将其送到当地派出所，如果知道失踪或嫌疑人的线索，应及时向公安机关反映。

 **如何预防拐卖妇女**

（1）找工作应当到正规的中介机构，通过合法的途径，或通过信得过的亲戚、朋友介绍。

（2）不要盲目外出打工，不要轻信非法小报和随处张贴的招聘广告。

（3）如确定要外出打工，最好结伴而行。

（4）不要轻信以介绍工作、帮忙找住宿或代替你的亲友接站等理由，跟随你不熟悉的人到一个陌生的地方去。

（5）遇到汽车站、火车站旁及其他场所的拉客行为，应坚决拒绝。

（6）保管好自己的身份证、外出证明及其他重要文件。不要把原件随便给任何人，包括雇主。

（7）要把自己工作和居住的详细地址、联系方式告诉家人和朋友，最好也把自己同伴或工友、老板的联系方式告诉家人和朋友，让他们知道你的去向。

（8）要确保身上有足够在城里生活两周的钱。否则，可能因生活窘迫，你不得不轻信给你介绍工作的人。

## 自救对策

如果不幸被拐卖，一定不要慌张，想方设法脱身，下面是脱身小窍门：

（1）若在公共场合发现受骗，立即向人多的地方靠近，并大声呼救。

（2）如发现已被控制人身自由，保持镇静，设法了解买主或所处场所的真实地址（省、市、县、乡镇、村、组）及基本情况。

（3）向人贩子、买主及相关人员宣讲国家法律，告知严重后果，伺机外出求援或逃走。

（4）采取写小纸条等方式向周围人暗示你的处境，请求外人帮助，设法与外界取得联系。

（5）不要放弃，想方设法，寻找机会向公安机关报案，拨打电话、发送短信或通过网络等一切可与外界联系的方式尽快报警，说明你所在的地方、买主（雇主）姓名或联系电话。

（6）熟记孩子体貌特征及当日衣着特征，以备急用。孩子一旦失踪，必须及时报案，如发现孩子被拐骗或遭绑架，更应主动向公安机关提供相关情况，不可抱着侥幸心理与犯罪分子"私了"。

### 案例分析

◆案例一：拐卖妇女

1990 年 11 月，黄某伙同谢某、谢某某以介绍工作为名，从赣县拐骗两名妇女，辗转卖到了江苏省。案发后，谢某、谢某某被抓并判刑，而黄某却藏匿在农村一家砖厂务工，期间还在当地结了婚，先后生下两名男孩。去年，黄某觉得风头已过，便来到赣州某市场租下一个店面做起了水果批发生意，不料被警方查出蛛丝马迹。2008 年 8 月 4 日，黄某在逃匿 18 年后最终落入法网。

犯罪分子主要是利用招工等手段拐卖妇女，这种情况也易出现在找工作的大学毕业生身上。如果遇到被绑架应该立即报警，注意观察周围地形，遇到人多时要大声呼救，寻找机会把写明情况的字条带出去，寻求解救。

◆案例二：拐卖网友　少女机智自救脱身

2005 年底，犯罪嫌疑人匡某、周某、孙某等 4 人从湖北宜城到襄樊，准备去广东打工。但在襄樊游玩时花光了路费，遂产生恶念，决定将刚认识的女网友小玉拐卖到广东"坐台"。被拐卖的过程中，小玉时刻寻找逃脱机会。小玉假装同意去广东"坐台"，以坐车回襄樊帮犯罪嫌疑人多骗几个女孩一起去广东为由，将 2 名犯罪嫌疑人诱骗到襄樊一公安派出所门口，小玉借机跳下车冲往派出所值班室报案。孙某 2 人被立即赶出的派出所民警当场抓获。

本案例中，小玉能得以成功逃脱关键在于在遭遇拐卖后，她并没有放弃，利用自己的聪明才智，想方设法的寻找逃脱机会，向公安机关报案。

**特别提示**

拐骗儿童容易发生的几个"角落"：

（1）外来人员多并且乱的小区，经常发生这事。晚上家长领宝宝出去玩，家长一时疏忽，让宝宝离开视线一会儿，会发生这事。

（2）家长带宝宝到偏僻、人流少的地方，容易发生这事。在超市，家长疏于看宝宝而挑选东西，容易发生这事。

## 三、性侵害

性侵害泛指一切种类与性相关、且违反他人意愿，对他人作与性有关的行为。包括强奸、性骚扰在内都可算是一种性侵害，像露体、窥淫等也可算是性侵害的一种，一般这个词较常用来指强奸，不过也可指强制肛交、强制口交、非礼、性虐待等。

 **性侵害的类型**

（1）暴力式侵害。主要是指侵害主体采取暴力手段、语言恫吓或利用凶器，进行威胁，对女性实施性侵害的行为。暴力侵害的主体比较复杂，以社会上的犯罪分子混入校园进行强奸为目的，混入女生宿舍或校园内偏僻处伺机作案。也有的是以抢劫、盗窃为目的，见有机可乘或因受害人处置不当而发展为强奸犯罪。还有的是因恋爱破裂或单相思，走向极端，发展成为暴力强奸。这种方式对被侵害对象造成很大伤害，甚至死亡。

（2）流氓滋扰式侵害。主要是指社会上的流氓结伙闯入校园，寻衅滋事，或是某些品行不端正人员在变态心理的驱使下，对女同学进行的各种性骚扰。这些人对女同学的侵害方式，多为用下流语言调戏，以推拉撞摸占便宜，往身上扔烟头，做下流动作等。如在夜间，女同学孤立无援，或处置不当等情况下，也可能发展为暴力强奸或轮奸。

（3）胁迫式侵害。主要是指某些心术不正者，或是利用受害人有求于己的处境，或是抓住受害人的个人隐私、某些错误等把柄，进行要挟、胁迫，使其就范。

（4）诱惑型性侵犯。是指利用受害人追求享乐、贪图钱财的心理诱惑受害人而使其受到的性侵犯。

（5）社交性强奸。这种犯罪行为的主体多是受害人的相识者。因同事、同学、师生、老乡、邻居等关系与受害者本有社会交往，却利用机会或创造机会把正常的社交引向性犯罪。受害人身心受到伤害后，往往还出于各种顾虑不敢揭发。

## 性侵害易发生的时间和场所

（1）夏天，是女性容易遭受性侵害的季节。夏天天气炎热，女性夜生活时间延长，外出机会增多。夏天公园内绿树成荫，罪犯作案后容易藏身或逃脱。同时，由于夏季气温比较高，女性衣着单薄，裸露部分较多，因而对异性的刺激增多。

（2）夜晚，是女性容易遭受性侵害的时间。这是因为夜间光线暗，犯罪分子作案时不容易被人发现。所以，在夜间女士应尽量减少外出，最好与朋友或家人结伴同行。

（3）公共场所和僻静处所，是女性容易遭受性侵害的地方。这是因为，公共场所如教室、礼堂、舞池、溜冰场、游泳池、车站、码头、影院、宿舍、实验室等场所人多拥挤时，不法分子乘机袭击女性。僻静之处如公园假山、树林深处、狭道小巷、楼顶晒台、没有路灯的街道楼边，尚未交付使用的新建筑内，下班后的电梯内，无人居住的小屋、陋室、茅棚等。若女生进入这些地方，由于人员稀少，极易遭受性侵害。

## 如何预防性侵害

1. 筑起思想防线，提高识别能力

（1）培养坚强的意志品质和观察事物的能力，识别是非曲直，不要被花言巧语所蒙蔽。

（2）消除贪图小便宜的心理，对异性的馈赠和邀请应婉言拒绝，以免因小失大。

（3）对于不相识的异性，不要随便说出自己的真实情况。对自己特别热情的异性，不管是否相识都要加倍注意。

（4）不要轻易相信新结识的朋友，更不要单独跟随新认识的人去陌生的地方。

（5）住宿、出行尽量结伴，时间、场所要正确选择，特别是要选择安全的环境。

（6）外出时，注意尾随者，及时求助或避开。

2. 行为端正，态度明朗

（1）穿着不要太暴露。

（2）尽量避免去人群拥挤或偏僻的处所。

（3）参加社交活动与男性单独交往时，要理智、有节制地把握好自己，尤其应注意不能过量饮酒。

（4）正确处理与异性交往的尺度，不要接受超过一般的馈赠，对过分的举动要明确表明自己的反对态度。

3. 不要惧怕，学会保护自己

（1）乘坐交通工具时，遭遇故意抚摸或擦蹭，要大声斥责或狠打其手，引起公众注意，不要隐忍不说。

（2）遭遇骚扰，要直接提出警告，及时避开。

（3）如果可能的话最好随身

携带防身器具。

女性最好随身携带一些防身器具。如有一种"尖叫器"打开后能以 100 分贝的音量持续尖叫 20 分钟，能有效震慑歹徒。

## 自救对策

（1）遇到性侵害时，首先要保持清醒的头脑，保持镇静，临危不惧。大义凛然、临危不乱的态度可以对罪犯起到震慑作用，使犯罪分子在心理上感到胆怯，进而战而胜之。

（2）遇到性侵害时要有坚持反抗到底的信心，软磨硬泡，拖延时间，顽强抵抗。根据周围的环境选择摆脱、反抗、求救的办法。

（3）寻求适当机会和方式逃脱。例如，可先假装同意，使犯罪分子放松警惕，然后趁他脱衣，使尽全力将他推倒，及时逃跑，并在逃跑时继续呼救。或者出其不意，猛击其阴部，使其丧失侵害能力，趁机逃脱。您如果穿的是高跟皮鞋，还可以以此作为武器，当犯罪分子将您推倒在地时，您可用鞋尖猛击其头部或阴部，再趁机逃跑。

（4）采取积极的防卫措施，利用身边的器物或日常生活用具防卫。当发生性侵害时，要想一想自己身上有无可以用作防卫的工具，如水果刀、指甲钳、发夹等，观察周围的环境有没有可以利用的器物，如棍棒、酒瓶、砖、刀械等，当受到侵害时，用其击打犯罪分子要害部

"臭流氓！"

位，如头、眼睛、关节等部位，使其丧失侵害能力，趁机逃跑。

（5）遭遇陌生人侵害时，要努力记住犯罪分子的体貌特征，保护好现场及物证，及时报案。

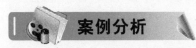

## 案例分析

◆案例一：1982 年夏某日晚，某大学学生袁某，携带匕首，潜入某校女生宿舍进行盗窃活动。推门进入某寝室后，见一女生躺在床上看书，顿生邪念，欲行奸污。该女生毫不示弱，先是斥责、呼救，然后奋力反抗，与袁某进行搏斗。在夺刀中，她受了伤，袁某见无法下手，狼狈逃窜，后被公安部门缉拿归案，以盗窃、强奸（未遂）罪被判处有期徒刑 12 年。

◆案例二：某大学有一女生，在宿舍中遭到校外窜进来的犯罪分子的袭击，该生毫无惧色，先是严厉责斥，后是大声呼救，但宿舍四周无人，呼救不应，罪犯胆子更大，气焰更为嚣张。该生不甘示弱，与犯罪分子扭打成一团，犯罪分子终因无法下手，仓皇逃遁。

◆案例三：2002 年 4 月 20 日中午，某高校女生张某一人去学生会办公室学习途中，遭遇社会青年齐某尾随，当齐某确认办公室没有其他人后，马上用随身带的手绢蒙面，手持啤酒瓶闯入室内，将正在学习的张某按住，威胁"把钱拿出来，别出声，出声整死你！"张某慌忙将书包中仅有的十几元现金交给齐某，齐某见势遂生歹意，将张某摁倒在地，并解下张某的鞋带欲捆住张某，张某见状趁其不备，夺下啤酒瓶砸在齐某头部，并大声呼救。齐某受伤慌忙逃跑。案发后，张某及时到学校保卫部门报案，并为公安机关提供线索和证据，2002 年 5 月，齐某被抓获归案，处以有期徒刑三年。

被侵害者在受到侵害时，首先都有一个坚决反抗的态度，然后敢于同犯罪分子作斗争，并在搏斗中大声呼救，使犯罪分子感到害怕，最终放弃侵害行为，试想，如果受害女学生胆小怕事，缩手缩脚，对犯罪分子听之任之，那么后果肯定是不堪设想。案例三中张某去学生会办公室学习，首先选择了错误地点，应当去教室、图书馆人员相对集中的地方学习，其次张某没有及时发现被人尾随，说明张某平时缺乏防范意识和观察能力，如果及时采取措施则可能避免。但幸运的是，张某在遇到侵害时，能冷静对待，奋力反抗，致使犯罪分子未能得逞，之后又能及时到公安机关报案，运用法律维护了自己的权益。

## 特别提示

在性犯罪中，以 16 ～ 29 岁的女性为主要侵害目标。大学女生多数年龄在 17 ～ 22 岁，正是青春年华，在年龄构成、身体条件、社会经验等多方面都是犯罪分子首选的性侵害对象。

（1）适时呼救。附近有行人或居民，应大声呼救。若生命遭遇直接威胁，不宜盲目高声叫喊。

（2）巧妙周旋。在遭遇性侵害时，可巧妙周旋，拖延时间，以赢得获救机会。

（3）勇于抗争。在确保生命安全的情况下，也可果断使用防身术，勇敢抗争。

（4）保存证据。应设法在歹徒身上留下印记或痕迹（如抓伤对方的脸部或手臂），注意保存歹徒留下的精液、毛发等。

# 四、毒品侵害

毒品是指鸦片、海洛因、甲基苯丙胺（冰毒）、吗啡、可卡因以及国家规定管制的其他能够使人形成瘾癖的麻醉品和精神药物。

青少年朋友你们知道什么是毒品吗？

## 毒品的种类

### 1. 鸦片

鸦片，俗称"大烟""烟土""鸦片烟"等。鸦片系草本类植物罂粟未成熟的果实用刀割后流出的汁液，经风干后浓缩加工处理而成的褐色膏状物，这就是生鸦片。生鸦片经加热煎制便成熟鸦片，是一种棕色的黏稠液体，俗称烟膏。

鸦片是一种初级毒品。生鸦片可直接加工成吗啡。鸦片主要含有鸦片生物碱，已知的有 25 种以上，其中最主要的是吗啡、可待因等，含量可达 10% ～ 20%。

2．吗啡

吗啡是鸦片的主要有效成分，是从鸦片提炼出来的主要生物碱，呈白色结晶粉末状，闻上去有点酸味。吗啡成瘾者常用针剂皮下注射或静脉注射。起初它被作为镇痛剂应用于临床，但由于它对呼吸中枢有极强的抑制作用，如同吸食鸦片一样，过量吸食吗啡后出现昏

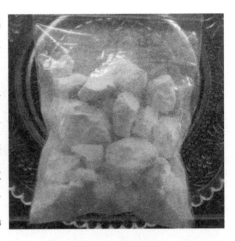

迷、瞳孔极度缩小、呼吸受到抑制，甚至于出现呼吸麻痹、停止而死亡等现象。

3．海洛因

海洛因亦称盐酸二乙酰吗啡，英文名 Heroin，译为海洛因。来源于鸦片，是鸦片经特殊化学处理后所得的产物。主要成分为二乙酰吗啡，属于合成类麻醉品。迄今为止已有一百多年的历史。毒品市场上的海洛因有多种形状，是带有白色、

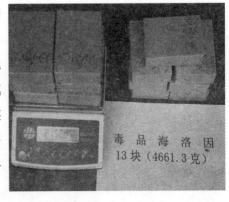

毒品海洛因
13块（4661.3克）

米色、褐色、黑色等色泽的粉末、粒状或凝聚状物品，多数为白色结晶粉末，极纯的海洛因俗称"白粉"。有的可闻到特殊性气味，

有的则没有。由于海洛因成瘾最快，毒性最烈，曾被称为"世界毒品之王"，一般持续吸食海洛因的人只能活 7～8 年。

### 4. 大麻

大麻是一年生草本植物，通常被制成大麻烟吸食，或用作麻醉剂注射，有毒性。大麻草可单独吸食，将其卷成香烟，被称为"爆竹"。或将它捣碎，混入烟叶中，做成烟卷卖给吸毒者，这就是大麻烟。这种毒品在当今世界吸食最多，范围最广，因其价格便宜，在西方国家被称为"穷人的毒品"。初吸或注射大麻有兴奋感，但很快转变为恐惧，长期使用会出现人格障碍、双重人格、人格解体，记忆力衰退、迟钝、抑郁、头痛、心悸、瞳孔缩小和痴呆，偶有无故的攻击性行为，导致违法犯罪的发生。

### 5. 可卡因

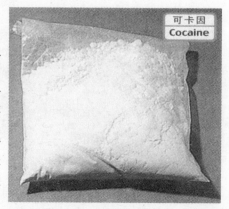

可卡因英文原名为 Cocaine，是 1860 年从南美洲称为古柯的植物叶片中提炼出来的生物碱，其化学名称为苯甲基芽子碱。它是一种无味、白色薄片状的结晶体。毒贩贩卖的是呈块状的可卡因，称为

"滚石"。可卡因服用方式是鼻吸。可卡因是最强的天然中枢兴奋剂，对中枢神经系统有高度毒性，可刺激大脑皮层，产生兴奋感及视、听、触等幻觉。服用后极短时间即可成瘾，并伴以失眠、食欲不振、恶心及消化系统紊乱等症状。精神逐渐衰退，可导致偏执呼吸衰竭而死亡。一剂 70 毫克的纯可卡因，可以使体重 70 千克的人当场丧命。

　　6. 冰毒

　　甲基苯丙胺（又名去氧麻黄碱或安非他命），俗称"冰毒"，属联合国规定的苯丙胺类毒品。主要来源是从野生麻黄草中提炼出来的麻黄素。它源于日本。在日本曾经使用过"冰毒"的人数超过200 万人，直接滥用者 55 万人，毒品滥用者都用静脉注射，其中有 5 万人患苯丙胺精神病。1990 年首次发现由台湾毒贩进入我国沿海地区制造、贩运出境的"冰毒"案件。甲基苯丙胺的形状为白色块状结晶体，易溶于水，一般作为注射用。长期使用可导致永久性失眠、大脑机能破坏、心脏衰竭、胸痛、焦虑、紧张或激动不安，更有甚者会导致长期精神分裂症，剂量稍大便会中毒死亡。所以说，

"冰毒"被称为"毒品之王"。

### 7. K 粉

"K 粉"的化学名称叫"氯胺酮"，其外观为纯白色细结晶体，在医学临床上一般作为麻醉剂使用。2003 年，公安部将其明确列入毒品范畴。K 粉的吸食方式为鼻吸或溶于饮料后饮用，能兴奋心血管，吸食

过量可致死，具有一定的精神依赖性。K 粉成瘾后，在毒品作用下，吸食者会疯狂摇头，很容易摇断颈椎。同时，疯狂的摇摆还会造成心力、呼吸衰竭。

### 8. 摇头丸

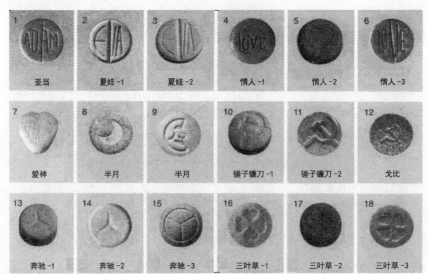

传统的摇头丸，是指由 MDMA、MDA 等致幻性苯丙胺类化合物所构成的毒品。MDMA，即 3,4- 亚甲二氧基甲基安非他明。MDA，即 3,4- 亚甲二氧基安非他明。MMDA，即 3- 甲氧基 -4,5- 亚甲二氧基甲基安非他明等。

摇头丸外观为圆形、方形、棱形等形状的片剂，呈白色、灰色、粉色、蓝色、绿色等多种颜色。这类毒品具有明显的中枢致幻，兴奋作用。在我国，因吸毒者滥用后会随着音乐剧烈地摆动头部而得名"摇头丸"。

我国目前缴获的摇头丸多是混合型的，经检验，犯罪分子在传统的摇头丸中添加了冰毒、麻黄素、氯胺酮、咖啡因，大大加大了它们相互的毒性作用。

吸食摇头丸，经常处于幻觉、妄想状态，出现精神异常，表现出苯丙胺精神症状，酷似精神分裂症。同时，也会发生其他滥用药物感染合并综合征，包括肝炎、细菌性心内膜炎、败血症、性病和艾滋病等。

 **毒品侵害的手段**

（1）初吸"免费"。贩毒分子第一个手段就是设法和青少年特别是那些逃学、辍学的学生套近乎，进而"免费"送给毒品，引诱他们吸毒。

（2）宣称吸毒"快乐"。当前毒贩拉拢青少年吸毒时，说什么吸毒感觉好，吸毒快乐。毒品种类非常多，其外表与普通的药丸、药片、胶囊、药剂、药粉极相像，青少年千万莫被误导而上当。

（3）"朋友"引诱。无论在校内或校外结交的朋友，只要在交往甚密的人中有一个吸上毒，其他人往往很容易受到感染而吸毒。因此青少年应坚决不与吸毒人交友。

（4）宣称吸毒能"解乏提神"。这是毒贩的一种比较有效的欺骗手段。青少年学生切不可亲信，以免上当。

（5）宣称吸毒能"治病"。所谓的"治病"，正是毒贩的一个卑鄙手段，许多青少年就是被这些鬼话拉下水的。

（6）宣称吸毒是当前时髦时尚，炫耀身份和财富的形式。

（7）宣称吸毒可能"减肥"，"减肥"说法完全是错误的，是不法分子拉拢青少年下水的罪恶借口。切莫相信所谓"减肥"等的鬼话。

（8）乘人之危，拉人下水。家庭无温暖，上进心不强，就有可能被坏人引诱、拉下水。

## 毒品侵害的预防

（1）慎重交友，杜绝攀比。"近朱者赤，近墨者黑"。许多吸毒青少年都是基于从众心理或迫于伙伴压力而染上毒瘾。那么，家长、老师都有义务对子女、学生进行交友指

导，未成年人自身也应自觉地选择那些有理想、有道德、爱学习、讲文明、守纪律的人作为自己的伙伴和朋友。以免由于交友不慎而与吸烟者、吸毒者为伍。同时，还要克服攀比和赶时髦心理，有些青少年在自觉不自觉地不想"丢面子"中，毒品就可能经骗子缠上你。

（2）远离烟酒。那些从中学开始吸香烟的人，最容易因好奇而染上吸毒的坏毛病。他们认为，吸烟不算什么，不是许多大人都吸了吗？然而，对于没有鉴别能力的青少年来说，从吸烟到吸毒只有一步之遥，曾有戒毒专家警告说：吸烟是吸毒者的预备军。因此，预防吸毒也要从不吸烟开始，自觉养成不吸烟的良好习惯。

（3）不要因为追求刺激、好奇、时髦等而吸毒。

（4）保持心理防线，切记不要盲从。青少年由于社会阅历很浅，辨别是非能力较差，特别喜欢对同龄人的行为推崇和盲从。许多青少年吸毒者说，我是看到别人吸，我才吸的，他们吸得，我为什么吸不得。所以，无论在什么情况下，都不应产生尝试毒品的念头，永远同毒品保持距离，特别是在有人——无论是陌生人，还是

熟人，或者是亲朋好友保持距离，特是在有人——无论是陌生人，还是熟人，或者是亲朋好友吹嘘毒品的妙境，甚至无偿提供毒品的情况下，更要提高警惕，抵御诱惑，不中圈套，同时将这些人的行为及时报告家长、学校、当地公安机关。

（5）正确面对挫折。人的生活道路不会是一帆风顺的，人的一生可能要经历诸多挫折和考验，升学挫折、就业挫折、恋爱挫折、婚姻家庭挫折、事业的挫折随时可能出现，在挫折和失败面前，每一个人都应成为生活的强者，以理智、健康、积极的态度面对挫折，把挫折当成新的征程和垫脚石，从失败中吸取教训，总结经验，孕育成功。

## 案例分析

◆案例一：王某，女，14岁。在学校不好好读书，经常与一些坏学生和社会上的闲散青年混在一起。1997年的一天，由于受好奇心的驱使，王某抱着尝一尝的想法，开始了第一次吸毒，结果吸毒成瘾。

◆案例二：小艾初中毕业后就辍学了，整天跟一群无业青年泡在一起。在学校里，老师说过吸毒者会家破人亡，但是现在他每天看到的，却是朋友们吸毒时"飘飘欲仙"的样子。小艾对毒品的害怕渐渐淡漠，反而越来越感到好奇。为了在这个圈子里混得更滋润，他最后决定要学会吸毒。当小艾第一次用打火机燎向盛了海洛因的锡纸时，他尽量装得很老练、很平静，可心里却非常激动，因为他从朋友们的眼光里感觉到，自己终于得到别人的承认了。

◆案例三：王某小时候家里很穷，没有念过多少书。凭着天生的聪明和吃苦精神，他开了一家餐馆，并且生意很红火。后来，他终于"发"了。有了钱以后的王某发誓要补偿以前的劳苦，所有他认为的享受都经历过后，王某有了"浑身是钱，却不知干什么才好"的苦恼。于是，有朋友带他去某私人俱乐部开开眼。深夜，狂欢进入高潮，十几个"大款"开始聚在一起吸食一种米粒大小的"冰"（冰毒）。吸毒者异常亢奋的神情，让王某眼睛一亮："这才是更高级的享受！"他迫不及待地陷了进去。

从以上三个案例中可以看出，许多吸毒青少年都是由于交友不慎、追求刺激、好奇、时髦等染上毒瘾的。因此预防毒品侵害，必须慎重交友、不盲从、远离烟酒、正确面对挫折和压力，更不能追求刺激、好奇、时髦。

**特别提示**

预防毒品侵害主要做到以下几点：

（1）慎重交友。

（2）远离烟酒。

（3）不要因为追求刺激、好奇、时髦等而吸毒。

（4）远离吸毒场所，远离吸毒、贩毒人员。

## 五、家庭暴力

家庭暴力是一个国际术语，由于各国国情不同，社会意识形态不同，各国对家庭暴力的界定有所差异。许多国家、学者对家庭暴力的理解也不尽一致。我国婚姻法《解释》第一条明确指出家庭暴力是指行为人以殴打、捆绑、残害、强行限制人身自由或者其他手段，给其家庭成员的身体，精神等方面造成一定伤害后果的行为。外国法律与我国法律界定的家庭暴力主体范围有所不同。我国法律认为暴力的主体是家庭成员，即具有亲属关系共同生活在一个家庭内的成员。外国法律对家庭暴力主体的界定，不是以有亲属关系为要件，而是更注重共同生活之实，即不仅仅局限于依据婚姻、血缘和法律关系维系的家庭。这样，情人、同居朋友、前夫或者前男友均可包括在施暴者的范围内。

### 家庭暴力的类型

（1）身体暴力。包括所有对身体的攻击行为：殴打、脚踢、扇耳光、使用工具进行攻击等。

（2）冷暴力（精神暴力）及语言暴力。是指用语言威胁恐吓，恶意诽谤，使用伤害自尊的言语，对对方不理不睬，从而使他人难受，造成心理方面的伤害。

（3）性暴力。是指强迫发生性行为、性接触，故意攻击性器官等。

 家庭暴力产生的原因

从调查分析情况看，产生家庭暴力的原因有诸多方面，归纳起来，主要体现在：

（1）经济收入的不平衡是家庭暴力产生的经济原因。经济收入的不平衡导致了经济地位的不平等。传统的择偶观是男强女弱。女方希望找一个各方面都比自己强的男性，而自己甘愿默默奉献于家庭。一些男性由于有了妻子及其家庭成员的支持，因某些机遇而经济收入增加，社会地位大大提高，于是要求家庭成员绝对服从其意志，否则就是恶语伤人、大打出手。还有一些人贪图享乐，追求金钱和美色，对婚姻、家庭毫无责任感，使家庭暴力既成为婚变的原因，又成为施暴者达到离婚目的的手段。

（2）婚姻质量低，家庭成员间相互调适能力差是家庭暴力产生的内在原因。在现实生活中，利益型婚姻、维持型婚姻等较为常见。由于婚姻基础不牢，婚后夫妻之间又不能共同努力培养感情，这不仅使婚姻当事人无力使其婚姻健康发展，不能妥善解决日常生活中出现的各种矛盾，而且面对事实上死亡的婚姻也不能采取理智的态度，夫妻双方的思维定式和意识惯性使之对解决这类婚姻问题时多表现为感情冲动而缺乏应有的理性认识和法律意识。因此，在矛盾激化时，双方为了达到各自的目的而采取极端的态度和方式来对待对方，导致暴力行为发生和升级。

（3）司法的漠然态度是家庭暴力产生的社会原因。因为家庭暴力并非一般的治安问题，还涉及感情因素，因此，有相当一部分司法人员认为家庭暴力是夫妻之间的私事，不属于司法管辖范围。

（4）立法不完备和法律的可操作性不强是家庭暴力产生的法律原因。我国尚无明文惩处家庭暴力的法律规定，虽然我国《刑法》《妇女权益保障法》《治安管理处罚条例》中都规定了禁止用暴力虐待、残害妇女、儿童、老人，但由于有些家庭暴力事件与虐待罪事实之间有本质差别，裁决起来缺少法律依据。

（5）从男性遭受家庭暴力袭击的情况来看，主要分为三种情况：一是女性的经济收入远远高于男性，男性下岗后收入微薄或年老体弱，在家中挺不起腰板，家庭地位降低。夫妻之间一旦有了矛盾，肯定在精神上占不了上风，动起手来也自然不如女性下手狠。还有一种情况是夫妻俩体力上的差距，女性长得高大强悍，男性却矮小瘦弱，感情基础又不是很好，在夫妻吵架升级为厮打时，矮小的男性往往不是女性的对手。另外一种情况是，女性有了外遇，看男性越来越不顺眼，一旦被男性发现不轨行为，自恃外面有了靠山，对男性大打出手，甚至有的还联合第三者殴打男性。天津社会科学院老年问题专家郝麦收教授认为，女性专制主义是导致男性遭遇家庭暴力的主要原因，而中国长期的家长制则是生成女性专制主义的土壤。

## 家庭暴力的特点

家庭暴力与其他暴力行为相比有其特殊性。

（1）身份的特定性。家庭暴力由于发生在共同生活的家庭成员中，因此施暴者与受害者之间具有特定的身份和关系。家庭暴力受害者以妇女、儿童居多。据有关资料表明，95%的家庭暴力是男性针对自己的女伴实施的。

（2）时间的连续性。家庭暴力因伴随着家庭成员之间的共同生活，施暴者会因不同的事由，在不同的时间里，多次或长期对同一受害者采取不同的行为和方式，不定期地施暴。

（3）行为的隐蔽性。家庭暴力大多数都发生在特定的场所，即多数发生在施暴者与受害者共同居住的住所，其暴力行为很难让世人知晓，大多数受害者认为，家庭暴力系个人的家庭隐私。"家丑不可外扬"的封建意识根深蒂固，为了不使家庭矛盾激化而影响婚姻和家庭的稳定，故而受害者大多采取忍耐态度，不向外张扬，更谈不上要通过法律程序来保护自己的人身权利，由此导致施暴者更加猖狂，且不让外人知晓，隐蔽性很强。

（4）手段的多样性。家庭暴力，既包括肉体上的伤害，如殴打、体罚、残害、限制人身自由等，也包括精神上的折磨，如威胁、恐吓、咒骂、讥讽、凌辱人格等，甚至还包括性暴力。其后果是严重的，不仅造成受害者身体、精神的痛苦、心理的压抑，还威胁到家庭的和睦与稳定，甚至会导致恶性案件发生，成为影响社会稳定的一个重要因素。

## 家庭暴力的危害

家庭暴力是婚姻家庭类案件中表现最突出的现象，无论城市还是农村，家庭暴力都不同程度地存在，后果严重，危害极大，从调查情况来看，主要包括四个方面：

（1）严重侵害受害者的人格尊严和身心健康，甚至威胁生命。家庭暴力是家庭成员中一方对另一方实施暴力的行为，直接作用于受害者，使其身体上或精神上遭受严重伤害，如丈夫对妻子、父母对子女、成年子女对父母等，其中妇女受丈夫的暴力侵害是最普遍的，她们受到的身心伤害也最大。通过大量的上访案件可以看出，多数妇女都是在其丈夫施暴时惨遭伤害。从骇人听闻的河畔抛妻、到棍棒暴打导致鼻青脸肿、体无完肤，使受害者痛不欲生等暴力行为，都严重损害了受害者的身体健康和人格尊严。

（2）影响家庭的和谐稳定。在任何一个家庭中，只要是经常发生家庭暴力的，必然影响夫妻感情。受害一方要么顾及面子或孩子，忍气吞声、勉强维护家庭，结果更加放纵暴力行为的进一步嚣张；要么不堪承受施暴者的行为时，妻子或丈夫就会选择极端方式，以离婚、离家出走甚至以暴抗暴、以牙还牙等途径摆脱遭受的暴力，使杀夫或戮妻的恶性案件屡屡发生，导致家庭完全破裂或毁灭。

（3）严重危害子女的正常生活和健康成长。经常发生家庭暴力的家庭，对孩子的身心健康造成不良影响，尤其是对其未成年子女的伤害往往由家庭折射至社会，受害的未成年人除自身的生活、学习质量下降外，有些人还较早地出现暴力倾向。如果是直接对孩子施暴，更容易使孩子产生恐惧、焦虑、厌世的心理，使他们感情上变得脆弱、易激动，心理上常常处于自卑、孤独状态，不愿与人交流，影响学习和生活，甚至离家出走，荒废学业，走上犯罪的道路。

（4）严重危害社会安定、阻碍社会发展。家庭暴力不仅危害家庭团结及其成员的身心健康和生活质量，而且发展到一定程度就会走向极端，引发人身伤亡、家庭破裂，就会逾越"家庭私事"的界限，直接影响社会的和谐稳定。如果不及时有效地遏制，受害者本人又不懂得用法律手段来保护自己，在忍气吞声、长期遭受暴力的扭曲心态下，往往会采取违法手段，主动或被迫走上婚外情、卖淫或故意杀人等不道德的甚至违法犯罪道路，酿成恶性事件，使家庭暴力的最初受害者沦为最终的害人者，危及整个社会的正常秩序、安全与稳定。

## 家庭暴力的预防

（1）加强反家庭暴力行为的立法，依法预防家庭暴力。在我国《婚姻法》《妇女权益保障法》《刑法》等法律、法规中，都对家庭暴力问题作了规定。但在立法上还存在不足和不完善。

（2）强化女性自我保护。首先，应增强女性自我保护意识。陈旧的思想束缚女性的自我意识，在面对不公平对待时，缺乏敢于反抗的勇气。通过自尊、自信、自立和自强的教育，提高自我肯定与自我评价，破除鄙劣思想，树立正确的人生观与价值观，增强自我保护意识。当自身权利受到侵害时，知道并勇敢地运用法律武器保护自己，绝不逆来顺受、息事宁人，要努力维护自己的合法权益。其次，提高女性自我保护能力。主要通过培养经济能力与维权能力，来提高女性的综合自保能力。主张女性应拥有独立的经济来源，增强女性的社会参与能力，让女性从家庭束缚中解脱出来，积极参与社会经济活动，视自己为社会的主人，尽量减少在家庭中对丈夫的经济依赖，避免不平等家庭地位的产生。接受必要的法律知识教育，了解法律救济途径与程序操作，当暴力来临时，充分利用公力救济手段，采取最佳途径保护自身利益，将伤害降低到最低点。

（3）强化素质，提高法律意识。全民综合素质与法制道德意识应该得到增强与提高，这不仅需要公民自身的修养，更需要国家加大宣传力度，并建立健全切实可行的规章制度，对社会上存在的陋习与丑恶现象，应当加大打击力度，让家庭暴力没有生长的土壤。司法机关要加强普法宣传教育，提高广大妇女的法制观念，增强其反家庭暴力的自觉性和斗争性。特别是在遭受家庭暴力时，切不可逆来顺受，委曲求全，要及时勇敢地维护自己的合法权利，同时要提高广大妇女的自身素质，逐步提高夫妻双方解决冲突的能力和技巧，杜绝家庭暴力的发展和升级。

（4）加强宣传活动，提高人们的法制观念及思想意识。我国应立足现实，加大对家庭暴力的宣传活动，提高妇女的维权意识，不要使自身弱点成为家庭暴力的导火线，当自身的权利受到伤害时，要勇敢运用法律武器保护自己，不能逆来顺受、息事宁人，更重要的是要加强自身的修养，自立、自强、自尊、自爱，并懂得珍惜做人的权利。

（5）了解施暴者危险信号。一般来说有家庭暴力倾向的人有如下危险信号：常常因为一点小事就大发雷霆，觉得自己备受伤害；自我评价低，总有不安全感；常常因为自己的情绪责怪别人，并把责任推到别人身上，比如"你真让我抓狂""你快把我逼疯了"；家庭有过施暴的历史；对小动物和孩子残忍；对各种武器装备着迷；认为用暴力解决问题无可厚非；常常用暴力威胁，砸东西；吵架的时候常常使用威胁性的词句，比如"我要宰了你""信不信我抽你""再唧唧歪歪脑袋给你拧下来"；对两性的角色有着根深蒂固刻板印象的，这样的男性常常会认为女性就是不如男性，就是该男的说了算等。

## 自救对策

近年来，随着人们思想观念的改变以及法律意识的增强，人们开始意识到家庭暴力的严重危害性，家庭暴力问题也越来越被公众所关注。"禁止家庭暴力"虽已载入新婚姻法，"实施了家庭暴力"也被列作准予离婚的条件之一，但这并不足以遏制家庭暴力的再度发生。因此，科学、理性地找寻遏制家庭暴力的对策和途径，就显得尤为重要。

（1）重视婚后第一次暴力事件，绝不示弱，让对方知道你不可以忍受暴力。

（2）说出自己的经历。诉说和心理支持很重要，你周围有许多人与你有相同的遭遇，你们要互相支持，讨论对付暴力的好办法。

（3）如果你的配偶施暴是由于心理变态，应寻找心理医生和亲友帮助，设法强迫他接受治疗。

（4）在紧急情况下，拨打"110"报警。

（5）向社区妇女维权预警机构报告。这个机构由预测、预报、预防三方面组成。各街道、居委会将通过法律援助站或法律援助点，帮助妇女提高预防能力，避免遭遇侵权。

（6）受到严重伤害和虐待时，要注意收集证据，如：医院的诊断证明；向熟人展示伤处，请他们作证；收集物证，如伤害工具等；以伤害或虐待提起诉讼。

（7）如果经过努力，对方仍不改暴力恶习，离婚不失为一种理智的选择。这也是目前摆脱家庭暴力的一种方法。

 **案例分析**

◆案例一：2007年底，某县妇联接待了一名备受丈夫欺凌毒打长达41年之久，现已57岁的老年妇女。自结婚以来，该妇女经常遭受其夫无理殴打，多次被毒打成轻微伤、轻伤，最严重的一次，左腿被打成骨折，花了 3 万多元治疗费，还落下残疾。而后，又因一小事将其耳膜打破。

该妇女到县妇联上访时，拄着拐杖，拖着跛腿，满身伤痕累累。工作人员仔细听完老人的哭诉，掌握到第一手基本情况。鉴于受害人遭受的伤害程度大、时间长等因素，加之其夫是文盲和法盲，妇联将此案作为了典型家庭暴力案件办理。先对老人进行心理安抚，讲解有关妇女维权的法律知识；而后，及时和法律顾问联系，要求作为法律援助案例办理，通过法庭调解离婚解决；之后，我们协同律师调查收集了几十份证据，并通过近一个月的耐心细致劝说，男方终于同意协商离婚。法庭上，男方对自己的行为终于有所悔悟，认识到女人不是男人的附属物，夫妻之间地位平等，应相互尊重、体贴，并接受离婚。最后，在法院主持下调解离婚，夫妻双方都比较满意。

◆案例二：郑女士结婚已经 12 年了，近 3 年来，丈夫屡次出轨。为了能给孩子一个完整的家，郑女士不愿意离婚，于是就将就了目前的生活状态。丈夫经常夜不归宿，两人各处一室，就算是郑女士生病了，丈夫也漠不关心。当年因为要照顾家中的老人和孩子，郑女士辞去了工作，两人冷战后，丈夫干脆就不给生活费，郑女士只好自己出去打工，负担家中所有开销，还要抚养孩子。为此，郑女士几次和丈夫谈判，结果却是丈夫突然"消失"，居然一个多月没有回家。

该起案例是典型的家庭冷暴力，这种暴力是用精神折磨来摧残对方，非常容易让受暴力一方患上抑郁症，因为没有身体上的伤害，所以隐蔽性比较强。家庭的冷暴力最主要的方式有三招：第一就是不说话，各过各的，拒绝性生活；第二就是不承担家庭的经济支出，不给弱势的一方生活费；第三就是离家出走。

◆案例三：张女士37岁，在南宁市星湖路一单位工作，丈夫是一名公职人员，他们婚后育有一子。从孩子两岁多时开始，丈夫因忙于工作，加上两个人长期两地分居，他们的交流越来越少。情况最糟糕时，两个人半年一句话不讲，也不打一个电话，好像是陌路人。

张女士的"闺蜜"提醒她："你老公是不是在外面有女人了？"张女士也越来越迷惑，他还是那个当初对她百依百顺、温柔体贴的男人吗？迷惑、无奈和伤心，一直折磨着她。她说："起初，他不和我说话，我就不理他。"

"这几年被'打入冷宫'的日子，我受不了了，就跑去老公单位找人，老公不出面我就找他领导和朋友，他越跑我就越追，但是丈夫还是不理我。那时候，我除了自杀什么办法都用过了，可是夫妻关系没有好转而是越来越差。万般无奈，我利用闲暇时间学习两性知识，求教老人、心理学家和婚姻家庭的指导老师等，学习如何与丈夫相处。"张女士说，掌握一些夫妻相处的技巧和男人的心理后，她不再明着追，而是不时给老公发一条嘘寒问暖、问候和报平安的手机短信。没过多久，她丈夫开始回信了。再后来，她开始主动与丈夫沟通，放下对丈夫的种种要求和猜疑；发现丈夫情绪不佳，她就不跟丈夫谈事情；对丈夫有什么期盼，她就直接说。慢慢地，丈夫开始拉着儿子打篮球、叫她一起跟同事喝酒了。

张女士的做法让我们明白了一个道理：夫妻不说话是感情的原因，应从感情上寻求解决办法。解铃还需系铃人，夫妻应积极从自身角度查找原因。当今社会竞争激烈，人们工作、生活压力都比较大，夫妻在一起，应以相互都能接受的轻松的话题来交流，让彼此在对方那里感受到快乐、安全、安慰、受到鼓励和得到休息，不应冷言冷语、互相刁难、互相打击。

◆案例四：35岁的张某曾经投诉妻子对其冷嘲热讽、恐吓辱骂，让他生活很压抑。"我们结婚快六年了。今年年初，我发现妻子开始不按时回家，而且手机短信也频繁。后来，我翻看她手机里的信息，才知道她已经变了心，外面有人了。我找她谈，她骂我不中用、窝囊废，说她就给我戴绿帽子了，看我能把她怎么样……说实话，我恨她又爱她，不想离婚。现在，她不是骂我就是冷淡我，甚至故意讨好她都会换来一张冷脸，我真到了忍无可忍的地步了。"

男性家庭暴力受害者多数遭遇的是一种冷暴力，即精神上的折磨。女方通过威胁、恐吓、咒骂、讥讽、肆意凌辱人格等方法，造成男方精神上痛苦、心理上压抑、神经极度紧张等。而这种家庭冷暴力多数是由婚外情引起的。

家庭暴力本身不是一个新问题，更不能说现在的家庭暴力就一定比以往任何时候严重，随着社会文明的进步，人们意识的开化，家庭暴力比过去暴露的多了，从而引起社会的关注。面对家庭暴力这个全球性的社会问题，全社会都应积极行动起来，采取各种有效途径，不断探索，致力于预防和惩治家庭暴力。我们都应深刻地认识到，反家庭暴力，任重而道远。反对和消除家庭暴力是全社会的共同责任，需要多部门合作，全社会的参与，教育、行政、法律手段相结合，不断健全我们社会的维权机制和网络。

## 特别提示

　　遭遇家庭暴力，当事人该如何保护自己的权益呢？有关专家称，被害人首先一定要进行反抗，使对方有所忌惮，不敢轻易再犯。其次，应当及时到妇联、居委会、双方的工作单位、公安机关或民政部门投诉并寻求帮助。受害人应保留好相关的证据，如照片、报警记录、投诉记录、医院诊断证明及医药费收据等，以便在起诉离婚或追究对方责任时使用。

# 第三章　财产侵害

侵害财产是指故意以暴力或非暴力的方法非法将公共财产和公民私有财产据为己有，或者故意毁坏公私财物的行为。侵害财产的常见手段主要包括：抢劫、抢夺、敲诈勒索、盗窃、诈骗等。侵害财产的犯罪是最常见的犯罪形式，和公民的日常工作、学习、生活紧密相关，掌握必要的自救能力和自救技巧，提高公民应对犯罪分子侵害财产时的自救能力，可有效保护公民财产安全。

## 一、抢劫

抢劫，是指以非法占有为目的，以暴力、胁迫或者其他方法，强行将公私财物据为己有的一种犯罪行为。抢夺，是指以非法占有为目的，乘人不备公然夺取他人财物的一种犯罪行为。这两类犯罪行为都会侵害他人的人身权利，且容易转化为凶杀、伤害、强奸等恶性案件，比盗窃犯罪更具有社会危害性。

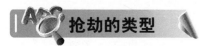

抢劫的类型

### 1. 尾随、拦路抢劫

劫贼多选择夜晚在河边、巷道、公园等偏僻路段尾随单身行人

（多为单身女子）、情侣等实施抢劫。作案时间大多在晚上8时至次日凌晨2时；作案手段或守候拦路，或尾随跟踪；大多携带刀、棍等作案工具；成员通常为1～3人，大多为年轻男性，侵害人员有不确定性，主要选择单个步行或骑车的人员为侵害对象，其中女性人员比例较高。

2．入室抢劫

入室抢劫，主要指采取各种非法手段进入居民家中实施抢劫的行为，这种行为不仅侵害了公私财产和人身权利，而且严重侵犯了居民的居住权，有时还对事主进行捆绑、封嘴、强奸甚至将其杀害，手段恶劣，社会危害性极大。劫匪通常以谎称送邮件、收费、检修等为由"骗门"抢劫、尾随直接闯入抢劫、趁人开门之机强行入室抢劫或撬门破窗入户盗窃被发现变成明抢等方式进行抢劫。

3．楼道、电梯抢劫

楼道、电梯是居民出入的必经通道，尤其在夜间，由于开放、偏僻、黑暗等原因，电梯、楼道常被歹徒选作抢劫的地点。这类抢劫的主要特点是：作案对象主要针对独自回家的女性；作案时间一般在傍晚及夜间；作案手法有尾随进入楼道、电梯实施抢劫和在楼道、电梯内蹲守实施抢劫两种。

4．飞车抢劫

飞车抢劫是歹徒抢劫作案的形式之一，受害者多为单独行走的女性。作案手法：二人以上，驾驶从租赁公司租来或盗来的小车、微型面包车，在行人稀少或偏僻处悄悄接近受害人（多为女性），强行将其带上车，行至郊外实施抢劫乃至强奸，最后将受害者丢弃在野外。

### 5. 色诱抢劫

"色诱"抢劫，是指犯罪嫌疑人以异性色情引诱为手段，歹徒三五成群，先利用女色引诱男性至出租房、宾馆或荒野丛林中，尾随其后的数名男子上前"捉奸"，对受害人实施敲诈或抢劫。此类案件的受害者大多数为男性。

### 6. 麻醉抢劫

不法分子在旅店、客车上以及娱乐场所内，主动与受害者攀谈，骗取信任，然后拿出事先准备好的香烟、饮料或其他食物给人饮用，受害者吸食或饮用了他人混合、注射有麻醉药品的香烟、饮料、食品后，头昏脑涨而熟睡，有的甚至死亡。劫匪便大肆洗劫财物。

### 7. 校园抢劫

在抢劫案件中，虽然抢劫学生的比例相对较小，但由于学生尤其是中小学生的身体和心智处于发育、成长时期，一旦遭遇抢劫侵害，会对其心理健康产生较大的负面影响。校园抢劫一般发生在校园及其周边人员稀少、偏僻、阴暗的地带。对象主要是独自行走的、谈恋爱滞留于阴暗无人地带的学生。作案人员除个别是流窜作案外，多数是校园及学生公寓附近不务正业、有劣迹人员，或居住在这些地方的外来人员。这些人对校园周边环境较为熟悉，往往结伴作案，大胆妄为，作案后易于逃窜。

## 如何预防抢劫

### 1. 防尾随、拦路抢劫

（1）"财不外露"，防人见财起意，不要携带大量贵重财物，不要佩戴显眼的金银首饰。

（2）到银行取大额现款时，最好有人陪同，注意周围可疑的人，不要把填错的单据随手乱扔，应及时撕碎。

（3）步行时注意。特别是单身女性，尽量不要在僻静路段单独夜行，或到偏僻、黑暗处所谈情说爱、散步、游玩。必经偏僻地段时，尽量早归，或打出租车、或亲友家人接送、或结伴同行。

（4）若发现可疑人员尾随，应沉着冷静，想办法快速离开危险，并及时打电话通知亲友前来迎接，或尽量到人多地方，如商店、餐馆等，也可到最近的居民家敲门求救。

2. 防入室抢劫

（1）在回家时一定要观察身后是否有可疑人员跟随，楼道是否有可疑人员停留，身后或楼道内有可疑陌生人的时候，不要急于开门进家，等人离开后或在别处待会儿再回家，有的歹徒常常跟随回家的单身女性、老人，在开门的一瞬间，强行入室行劫。

（2）老人或儿童独自在家时，应锁好房门，不接待陌生客人。

（3）不要将不知底细的人带回家中，以免引狼入室。结交网友，不要轻易将其带回自己家中。

（4）清早出门时，应从"猫眼"观察门外有无可疑人后，再出门。特别要教育早起上学的小孩儿要如此。

（5）电路控开应设置在屋内，防止人为断电引诱开门后，强行入室。

（6）为防止人为取下公用路灯作案，有条件者，可自行安装门口路灯，将开关设在屋内，夜间有人敲门时，便于开灯观察。

（7）安装电子防盗门的住户，非家人和客人，不要随意开门。

（8）家里不要存放大量现金、首饰等，大额存折要秘密存放，防止抢匪要挟取款。

**3．防楼道、电梯抢劫**

（1）天黑回家，可在回家前打个电话，让家人提前下楼接应，以降低被抢的风险，提高安全系数。

（2）当上电梯时，发现旁边有陌生男子，在没有充分把握的情况下，最好不要与此人共同使用电梯。

（3）养成进入楼道之前观察四周的习惯，多留意楼道附件有无陌生人，身后有无陌生人尾随跟踪。如发现可疑人，要尽量往人多亮处走，或及时与家人联系，让家人出来接应。

（4）进入楼道、电梯前，要注意"三不"：一是不听"随身听"，不思考问题，当陶醉在音乐声中或沉浸在思考中时，容易放松警惕；二是不埋头找钥匙，分散注意力；三是不与陌生人同进，防止对方突然袭击。

（5）随身携带辣椒水喷雾器等防身物品。

**4．防飞车抢劫**

（1）拒绝乘坐非法营运车辆。犯罪嫌疑人主要是利用部分群众贪图便宜、节省钱财的心理，以低价诱骗群众乘车，伺机进行抢劫。

因此，市民在出行时，不要贪图便宜，一定要到汽车站、公交车站点乘坐正规营运车辆。

（2）以拉客营运或搭载顺风车的方式，问路或其他借口和事主搭讪，趁事主不备，将事主拉到车上后实施抢劫。防范第一，时刻保持警惕。

（3）要尽量避免单独一个人在夜间或偏僻路段行走，如果不可避免，要尽量快速通过。一定要与陌生人保持行进距离，防止对方突然袭击。如有可疑车辆尾随，要提高警惕，可采取与其他路人同行或进入有保安人员的机关、小区等灵活办法，借机摆脱。

（4）市民到银行取钱时要尽可能结伴前往，要增强自我防范意识，对行迹可疑的车辆、人员要多加留意，不给犯罪嫌疑人可乘之机。

### 5. 防色诱抢劫

（1）要洁身自好，不要贪图女色，不要有猎艳思想和行为，对主动投怀送抱的女色要慎重。在其邀请你过夜时，可能其同伙就在附近，随时会以你勾引他人老婆为由实施抢劫敲诈。

（2）杜绝"一夜情"，特别是与陌生女性，可能等你醒来，已是人去财空，或者以偷拍的录像内容予以敲诈，或者对方设好陷阱实施抢劫。

一夜情陷阱

（3）网上交友要慎重，在你将私密信息如姓名、单位、电话、手机、住址等告诉网友之前，请慎重考虑。约见网友时，请注意约会时间不宜过晚，地点最好在公共场所，最好不要随便在外单独过夜，有时对方邀你过夜，其实就是一种陷阱，其同伙将以你勾引他人老婆为由实施抢劫敲诈。

6．防麻醉抢劫

（1）在外面不要露财显富，不要随便接受陌生人递给的香烟、饮料、水，特别是自己携带有较多钱财时。

（2）有陌生女性主动与你搭话，投怀送抱时，要保持警惕性，特别不要随便接受对方带来的饮料、水之类的液体饮品。

（3）出租车搭载乘客跑长途，也应参照以上建议。

7．防校园抢劫

（1）学生上学时不宜随身携带贵重物品和大额现金，不要在公共场所显露自己的钱物。

（2）不要随便和外人谈论自己和家庭的情况；不要随便和不熟悉的人到偏僻的地方去；不要随便和陌生人交往。

（3）放学后应和同学结伴回家，住楼房独自回家时预防坏人尾随入室，及时摆脱可疑人尾随。

（4）如果独自外出或与恋人约会，最好避开人员稀少、偏僻、视线不良、遭抢无援的时间和地点。

（5）家里的钥匙和证件、通讯录等不要放在书包里；独

自在家时应警惕以各种身份来访的陌生人。

（6）单身时不要显露出过于胆怯的神情。

## 自救对策

如果您不幸被抢劫犯罪侵害了，怎么办？遭遇抢劫时，要保持精神上的镇定和心理上的平静，克服畏惧、恐慌情绪，冷静分析自己所处的环境，对比双方的力量，针对不同的情况采取不同的对策。

（1）生命安全第一。遭遇入室或楼道内抢劫，要保持镇定，以保证人身安全为前提，必要时放弃财物，然后报警。

（2）适时呼救。在人员聚集地区遭遇抢夺或抢劫时，可适时呼救，以震慑犯罪分子，并寻求周围群众的帮助。

（3）立即报警。若双方力量悬殊，待自身处于安全状态后，立即报警。

（4）看清歹徒。记住歹徒的特征，如发型、身高、脸型、衣着、口音，以及逃跑的路线、所使用的交通工具等。同时尽量留住现场目击者，以便为警方破案提供更多线索。

（5）保护现场。歹徒在犯罪现场留下的脚印、指纹和遗留物是破案的重要线索，应注意保护。

**案例分析**

◆案例一：2010年6月7日，石家庄市裕华路与体育大街交叉口附近一片废墟中，惊现一具女尸，死者生前曾遭遇性侵犯。经过十几天的侦查，裕华警方抓住案犯嫌疑人，此案告破。案件的起因令人唏嘘，嫌疑人底某称本想打劫，在抢劫过程中遭到受害人激烈反抗，嫌疑人打晕受害人后实施了强奸。

当晚，受害女子独自从他身前走过。女子身上挎着包，走过去十几米后，底某才下定决心抢包。底某称，受害人的激烈反抗让他紧张。他压低声音警告受害人："别喊，我就要钱。""她老喊，我特别怕。"底某称，为了不引起别人的注意，他捂着受害人的嘴，将其拖拽到40米开外的路边土堆处，并在其反抗过程中用砖头将其砸晕致死。

在遭遇打劫等意外时，保命还是奋起反抗令人深思。犯罪分子实施抢劫作案，一般都做了相应准备，要么人多势众，要么以凶器相逼，有的受害人由于生性刚烈，往往鲁莽行事，易被犯罪分子伤害。在人员聚集地区遭遇抢夺或抢劫时，可适时呼救，以震慑犯罪分子，并寻求周围群众的帮助。

◆案例二：2003年4月学生陈某在回寝室的路上突然被一迎面过来的民工打扮的男子拦住，让其将钱拿出来，陈某意识到遇到了抢劫，立即将书包给了该男子，同时记下了该男子的体貌特征，之后陈某大声呼喊救命，该男子见已得手，便慌忙逃跑，陈某立即拿出手机报警，并观察作案人逃跑的方向，结果实施抢劫的犯罪嫌疑人张某在逃跑的途中被迅速赶来的保卫人员在案发现场附近抓获。

陈某被抢的现场是一僻静的地方，应该和其他同学结伴而行。但他的处置方法是得当的：马上将少量的钱物交出，避免人身受到伤害，及时报警及提供线索，也使公安保卫人员能够快速抓获犯罪嫌疑人和侦破案件。结果他只是受了一点惊吓，而没有受到任何损失和伤害。

**特别提示**

面对劫匪应把握四个原则：

（1）生命安全第一的原则。保护钱财，但更要珍爱生命。钱财乃身外之物，当二者发生冲突不能两全时，请首先保护好自己的生命安全。

（2）量力而行的原则。遭遇歹徒时，知己知彼，避其锋芒，扬长避短。避免盲目蛮干，做无谓的牺牲。

（3）斗智的原则。既斗智斗勇，智为上，以智避短，以智保全生命财产安全，以智取胜。

（4）及时报警的原则。尤其是在遭受"色诱"等涉及个人隐私的抢劫后应及时报警，不要为了顾及面子、名声而忍气吞声。

## 二、抢夺

所谓抢夺罪是指以非法占有为目的，趁人不备，公开夺取数额较大的公私财物的行为。"飞车"抢夺，是指犯罪分子以摩托车等车辆为主要作案工具，趁事主不备抢走手中的拎包、手机及颈、腕部金银饰品等物的作案方式。

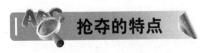

**抢夺的特点**

抢夺案件的主要特点是：

（1）抢夺案件时间主要发生在夜晚行人稀少和上下班高峰期。

（2）作案地点以道路宽敞、视野开阔，便于车辆快速行驶的路段为主，大型市场、广场和公共汽车站点及银行附近。此外，立交桥、地下通道、公共厕所、绿化带、街心花园、偏僻的小巷小道等处也易发生。

（3）作案目标通常以单独骑车和行走的女性为主。女性之所以成为主要作案目标，在于女性外出多带挎包，而且手机、钱包等贵重物品一般放在包内。在夏天，许多女性外出时喜欢佩戴金项链等饰品，而且女性反抗能力和自我保护意识相对较差，使之更容易受到侵害。

 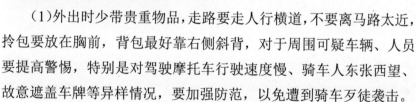

## 如何预防抢夺

（1）外出时少带贵重物品，走路要走人行横道，不要离马路太近，挎包要放在胸前，背包最好靠右侧斜背，对于周围可疑车辆、人员要提高警惕，特别是对驾驶摩托车行驶速度慢、骑车人东张西望、故意遮盖车牌等异样情况，要加强防范，以免遭到骑车歹徒袭击。

（2）手机最好不要挂在胸前，放在口袋里比较安全，打电话时要注意身边是否有可疑的陌生人，以防手机被抢。

（3）骑自行车时不要随意将随身物品特别是贵重物品不加固定地放置自行车筐里，防止不法分子用绳子、铁丝插入车轮，等你转过头去看时把物品抢走。

（4）行走时尽量靠近人行道内侧，小心提防驶近的摩托车或身后的可疑人员。留意向你驶近的摩托车，特别是无牌摩托车。

（5）在车辆临时停靠时，拿有贵重物或带有手表、首饰的手不要随意伸出车窗外。

另外，夏天随着气温不断攀升，室外活动逐渐增多，群众往往衣着单薄，其随身携带的挎包、手机及佩戴的金银首饰大都暴露在外。抢夺、抢劫、强奸等案件也相应进入多发期，人们应增强自我防范意识。

## 自救对策

（1）遇到此类案件时，如果自己有能力，就要见机行事，奋起反击，在大声叫喊"抓歹徒"的同时勇敢地同犯罪分子搏斗直至扭送公安机关。

（2）如果感觉自己能力有限，首先要保持镇静，寻求周围群众的帮助，同时尽可能记清楚歹徒的相貌特征，逃跑路线、方向，车辆型号、颜色、车牌号码等，事后要立即报警，并提供线索。

（3）在"飞车"抢夺案件中，由于犯罪嫌疑人驾车作案，车速较快，加上抢夺时的拉扯作用，常常造成受害人的人身伤害。因此，在遭遇"飞车"抢夺时，尽量避免与劫匪强拉硬拽，及时报警。

## 案例分析

◆案例一：2006年4月29日凌晨2时许，凌女士在城区象山大道天鹅广场被一男子趁其不备抢走随身携带的挎包，包内有600元现金、一部手机、居民身份证等。

◆案例二：2012年6月14日晚22时40分，左女士到市一中接儿子回家，左手臂挂着包沿城区泉口路非机动车道向西行走到玫瑰花园路口时，被从后面驶过来的摩托车上的男子将手提包抢走，包内有手机一部、项链一条、现金若干。

◆案例三：2010年5月14日13时许，汤女士步行经过城区工商街南薰门桥头时，被一青年男子将其撞倒后抢走她脖子上的金项链一条，价值9 000元。

◆案例四：2008 年 10 月 27 日 9 时 30 分许，熊女士在城区金虾路某银行取款 18 000 元，骑车行至城区海慧路劳动大厦门前时，被尾随其后的两名骑摩托车的不法分子拉倒后抢走装钱的背包，后公安机关打掉这一飞车抢夺团伙。

以上抢夺案例给我们的启示是：

（1）独行女子夜晚切忌到偏僻、灯光昏暗的路段行走，即使要经过偏僻路段最好由家人接送或结伴而行。独行女子外出最好不要携带给不法分子带来诱惑的挎包，以免遭遇不测。

（2）左女士的感悟：夜晚在街上行走应尽量走人行道，不走非机动车道，若在非机动车道上行走，很容易给飞车抢夺者以可乘之机。徒步在道路上行走时，随身携带的挎包要置于本人右侧，这样就给飞车抢夺者"顺手牵羊"造成不便。

（3）不了解白天会发生抢夺案件，从而丧失警惕。独行女子在街上行走时要注意随身携带的贵重物品，特别是夏季穿着较少，脖子上的金银饰品暴露在外，很容易遭到不法分子的抢夺，建议女性朋友们外出时不要将金银首饰暴露在外，或者不佩戴金银首饰。

（4）在银行取款时，应多留意周围是否有可疑人员偷窥，提款离开后注意是否有可疑人员跟踪。到银行提取大额款项时最好有陪伴，取款后不要在街上闲逛。

**特别提示**

（1）防徒步抢夺，从不带包做起。

（2）防飞车抢夺，从走人行道做起。

（3）防撞人抢夺，从不将金银首饰暴露在外做起。

（4）防抢夺银行取款人员，从留意周围可疑人员做起。

## 三、敲诈勒索

敲诈勒索指以非法占有为目
的，对公私财物的所有人、保管
人使用威胁或者要挟的方法，强
行索取财物，数额较大的行为。

敲诈的手段

从威胁方式上，敲诈勒索可以分为：当面敲诈勒索；通过书信、
电话等敲诈勒索；第三者转达敲诈勒索。常见手段主要有以下三种：

### 1. 依仗势力实施敲诈勒索

2009 年 5 月 9 日，张某、李某、
刘某、郭某、田某、陶某采用暴
力威胁等方法多次敲诈他人钱财，
先后 7 次找邓某、柳某、黄某、
康某、魏某、吕某、唐某等人进
行敲诈勒索，共勒索现金 7 500 元。
其中，张某作案 5 起，勒索现金

我是大哥，赶快把
钱掏出来！

6 100 元；李某参与作案 3 起，勒索现金 6 500 元；刘某作案 4 起，
勒索现金 5 500 元；郭某、田某、陶某各作案 1 起，勒索财物分别

为 1 100 元、880 元、1 200 元。

### 2. 采取威胁实施敲诈勒索

2008 年 3 月 8 日，苏北人苏娜姗经朋友介绍在一次酒会上结识了有妇之夫李士群。李士群官场得意，苏娜姗年轻貌美，两人感觉情投意合，各取所需，不久发展成了情人关系，后两人在大酒店多次发生了性关系。此后不久苏娜姗获知李士群被任命为苏北市某副局级干部，苏娜姗感觉自己只是人家的一个玩物而已，心里愤愤不平，于是萌生了敲一笔钱的想法。此后苏娜姗便以向李士群妻子及单位领导揭发其与李士群的关系相要挟，编造买房、出国、治病、买车等理由，在 2008 年 7 月至 9 月间，先后敲诈李士群21.5 万元。

### 3. 采取欺骗实施敲诈勒索

2011 年 12 月 20 日上午，李某开车行驶至平谷区林荫北街入口处时，王某骑自行车突然提速驶来，撞到李某车的右后轮部位。事故发生后，王某声称自己多部位受伤，索要 10 万元的治疗费。

**如何预防敲诈勒索**

敲诈勒索的目标各种各样，但要做好以下防范措施：

（1）不讲究吃穿，不过分张扬，不显富露富和攀比炫耀。

（2）和陌生人接触要提高警惕，不接受馈赠，不随其到某个地方，也不要到偏僻杂乱的地方（如工地、废弃建筑物等）玩耍，更不要独自一人待在僻静的地方。纵使待在家中，也要提高警惕，不让陌生人进入家中。

## 自救对策

如果碰上有人向你敲诈勒索，或者以各种借口要你"赔偿"时，应采取以下措施：

### 1. 不要轻易答应对方的要求

如果有人向你敲诈勒索钱物，你暂时又无法脱身时，不要轻易答应对方的要求，可以借口身上没钱，约定时间地点再"交"，然后立即报告公安机关。要相信警方能为你提供安全的保护，只有在这样的情况下，坏人才不敢威胁侵害你。如果屈服于对方，使敲诈者轻易得手，他们会永远盯上你这只"肥羊"。如某校一名学生遭到外校生勒索后，不敢声张，拿了奶奶给自己的 1 000 元压岁钱乖乖地交上去，结果到警方破案时，他已经被敲诈了近 4 000 元钱！

### 2. 要沉着冷静、随机应变

遭遇陌生人敲诈时要沉着冷静，并想方设法与歹徒周旋和拖延时间，使自己能够看清楚对方的相貌特征和周围的环境情况，以便自己能从容不迫地寻找脱离险境的有利时机。如果附近有人，可以边大声呼救，边向人多的地方跑，此时一般来说歹徒会闻声而逃。如果四周无人，呼喊或逃跑都无济于事，这时要先答应其要求或交出部分钱物，后及时向学校老师或司法机关报案。

### 3. 要注意保护自身安全

（1）在未脱离险境的情况下，切不可当着歹徒的面声称要报警，以免遭到杀人灭口之祸。

（2）未成年人在遇到抢劫时，如果没有十分的把握，一般不提倡采取正当防卫措施。因为歹徒在实施抢劫前，都是经过一番充分的准备，并且手里都持有凶器。而对于被抢劫者来说，从物质到精神上都毫无准备，再加上未成年人势单力薄，通常都是处于不利地位。所以从自身安全角度考虑，一定不要鲁莽行事，而要沉着冷静，随机应变，寻找机会脱离险境。尽量避免或减少不必要的伤亡。

### 4. 要及时报案

遭到敲诈勒索以后，要立即向公安机关报告，你越怕事，越不敢声张，不法之徒就越嚣张。及时报案，会使不法分子及时地受到应有的惩处，会及时地制止不法分子对你继续侵害，能及时地、最大限度地挽回你已经受到的经济损失。

### 案例分析

◆案例：北京某校 13 岁的初中生李某，在第一次遭到三名高年级男生的拦路勒索时，他交出了身上的所有钱物，并向殴打他的人求饶，又答应以后每天向他们交 10 元钱。此后他多次遭劫都不敢告诉父母和老师。直到最后一天，他还打开家中防盗门，让勒索者入室看录像，拿好吃的东西给他们"抵钱"。最后又乖乖地和凶手一起坐出租车去了郊外被杀害的现场。

　　导致校园敲诈勒索案件频发的原因是多方面的，但李某轻易就答应了对方的要求，并在以后长时间内忍让顺从，纵容敲诈勒索。很多遭遇敲诈勒索的中小学生害怕被打击报复或被家长、老师责骂等一些主、客观的原因，不敢告诉家长或学校，导致敲诈勒索者常常得逞并得寸进尺进行敲诈勒索。

 **特别提示**

　　避免敲诈勒索案件，还应做好以下四个方面的工作：

　　（1）要懂得自我保护，不要与一些行为不良的人交往，不要到网吧、酒吧等人员复杂的场所。

　　（2）要有自我防范意识，不要炫耀财物，不佩戴昂贵的饰品。

　　（3）遇到事情不要找一些所谓"老大"保护。

　　（4）在遭遇敲诈勒索时，在确保自身安全的情况下，可立即报警，寻求警察的帮助。

## 四、盗窃

　　盗窃是指以非法占有为目的，秘密窃取他人占有的数额较大的公私财物或者多次窃取公私财物的行为。

**盗窃的类型**

### 1. 入室盗窃

一般来说，很多入室盗窃案发生在半夜，主要集中在凌晨 1～4 时，不法分子大多趁居民熟睡，利用熟练的攀爬技术，从窗户或者阳台进入室内进行盗窃。管理薄弱的小区和院落、有攀爬条件的楼房通常是小偷喜欢之地。

### 2. 公交车盗窃

公交车客流量非常大，车上人越多越拥挤，小偷们便越容易得手。

### 3. 轿车财物盗窃

小偷在盗窃前都会在目标车辆附近转悠，观察车内财物，他们才会决定是否动手。从目前盗窃车内财物的手段来讲，分为技术干扰、工具撬锁、强行破窗三种。

### 4. 浴场盗窃

一般来说，冬天，公共浴场也是失窃案件多发地。浴场内人很杂，小偷一般都是奔着现金或者贵重物品去的，带大量现金或者贵重物品去浴场，安全系数极低。

### 5. 返乡盗窃

春运高峰，很多学生、工人都会带上不少财物乘车返乡。对乘客来说，由于乘车时间较长，随身携带贵重物品，要提高警惕。

6. 购物盗窃

当市民上街购物时，要特别注意防盗。在商店购物时，尤其是人流量较大的地方，不要把注意力全部集中在商品上，要时刻警惕身上的贵重物品。

7. 饭店盗窃

同事之间、同学之间经常会在饭店聚餐，在吃饭喝酒高兴之余，贵重物品摆放在餐桌上、将皮包挂在靠椅上，很有可能被人偷走。

8. 校园盗窃

在校园宿舍里盗窃的外来人员，有的是兜售物品的商贩，见宿舍管理松懈，进出自由，房门大开，往往顺手牵羊偷走现金衣物；有的是小偷进宿舍"踩点"，摸清情况，看准机会，撬门大肆盗窃；还有盗窃学生宿舍的惯犯，打扮成学生模样在宿舍里到处乱窜，一遇机会就大捞一把。不管是哪一类型的盗窃分子，都有四处走动、窥探张望等共同特点。

9. 信用卡盗窃

根据我国《刑法》规定，盗窃信用卡并使用的，按盗窃罪处理。许某与朱某是好友，2009 年 6 月 9 日，许某盗取朱某的银行卡，并根据对朱某的了解猜出了密码，

以转账方式将朱某 1.6 万元转到自己账户，占为己有，依法构成盗窃罪。

##  如何预防盗窃

近年来，盗窃案件发案呈上升趋势，盗窃案件种类繁多，现介绍几种防范技能：

（1）防范入室盗窃的重点，在于"人防"和"门防"。"人防"就是养成良好的防盗意识，不在家里存放过多现金。"门防"指的是，居民一定要利用好门窗这个屏障，出门或睡觉前，都要将门窗关好。

（2）若要长期外出，应暂停送报纸、信件、饮用水等服务。请邻居代收信件、清理插在门缝上的各类广告、传单，使房子看似有人居住。

（3）在上公交车前，把零钱先准备好，尽量不要露财，以免被小偷盯上，包要放在视线范围以内。

（4）防止车内物品被盗。即使离开车辆时间很短，只要人离开车就要立即锁好车门，关严车窗；车辆停放在正规的停车场；不要将汽车当成保险箱，车内不要存放贵重物品，以免引起小偷注意。

（5）长途出行时，对乘客来说，由于乘车时间较长，首先要做到的是人和物不要分离，携带的物品要放在离自己最近的行李架上，在自己的视线范围内，贵重物品更是要随身携带，提高警惕。上车时，对一些拼命挤车的可疑人员要做好防备，不要把钱放在包的底部和边缘，另外要把包放在身体的前面。

（6）校园里，发现形迹可疑的人应提高警惕、多加注意，如果发现有可疑情况，应第一时间通知宿舍管理员或者报警。如果撞上小偷行窃，要保持冷静，见机行事，注意自身安全。

（7）设置复杂的信用卡密码，并注意不要泄露密码。

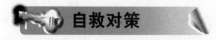 **自救对策**

发现有人正在盗窃时怎么办？如窃贼正在盗窃时，你可以采取以下的方法：

（1）假如发现窃贼正在室内，而窃贼尚未发现有人回来时，可以迅速到外面喊人，并同时叫他人报告公安机关，以便将窃贼人赃俱获。如窃贼有汽车、自行车等交通工具，则要记下车牌号。

（2）假如室内的窃贼已经发现来人时，要高声呼叫周围的居民群众，请大家协助抓住案犯，并扭送到公安机关。如果家住楼房，则要记住窃贼的相貌、体态、衣着等，边喊边往下跑，以免窃贼狗急跳墙。

（3）对发现有人来立即逃跑的案犯，要及时追出查看其逃离方向，认准其体态、相貌、衣着、可能丢下或带走的工具、车辆，及时报告家长、老师，并拨打"110"报警电话报告公安机关。

（4）如果案犯发现来人是中小学生，而求饶或花言巧语辩解时，千万不要对犯罪嫌疑人产生怜悯同情而失去警惕。同时应讲究斗争策略，表面上可以装出没看、无所谓，或恐惧的表情，稳住犯罪分子，防止他狗急跳墙，对你施行伤害，然后寻找机会逃离报警。

（5）夜间遭遇入室盗窃，应沉着应对，切忌立即起身查看甚至开灯。可以咳嗽几声，故意大声说"谁呀"之类的话，或用手机悄悄拨打"110"报警，千万不可一时冲动，造成不必要的人身伤害。

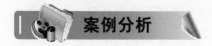 **案例分析**

◆案例一：2010年9月15日，合肥市青阳路市建三公司宿舍

小区一夜之间小区内 6 户居民家中的财物被盗，多户被盗人家损失较重。被盗的 2 号居民楼有多根管道附在墙面上，比较容易攀爬，而且 3 楼以上大多住户都没有装防盗窗。而当晚被小偷"光顾"的多户居民家都未安装防盗窗，有的甚至就开着窗户睡觉。

　　防范入室盗窃的重点，在于养成良好的防盗意识，利用好门窗这个屏障，出门或睡觉前，都要将门窗关好。

◆案例二：2011 年 12 月 1 日 19 时许，合肥某高校一男生宿舍，丢失手提电脑、钱包和手机，总价值数千元。几乎是在同一时间，位于合肥市蜀山区的另一所高校的男生宿舍，也有人报警，放在宿舍里的钱包被盗。民警了解到，男生宿舍虽有保安 24 小时值班，但是陌生人进入宿舍完全不需要出示任何证件。

　　在校园宿舍区发现形迹可疑的人应提高警惕、多加注意，如果发现有可疑情况，应第一时间通知宿舍管理员或者报警。如果撞上小偷行窃，要保持冷静，见机行事，注意自身安全。

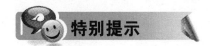 **特别提示**

发现被盗后：

（1）打"110"报警。

（2）不要收拾、清理物品，不要随意走动，并注意不接触锁具，以免破坏有价值的指纹、脚印。

（3）对盗贼遗留下来的痕迹、物品，应用绳索圈围警戒，重点保护，禁止一切无关人员入内，等待警方来勘察现场。

## 五、诈骗

诈骗，是指以非法占有为目的，用虚构事实或隐瞒真相的方法骗取数额较大的公私财物的行为。由于它一般不使用暴力，而是在平静甚至"愉快"的气氛下进行的，当事人往往容易上当。提防和惩治诈骗分子，除需要依靠社会的力量和法治以外，更主要的还是广大人民群众自身的谨慎防范和努力，认清诈骗分子的惯用伎俩，以防上当受骗。

### 诈骗的类型

#### 1．电话诈骗

电话诈骗是以固定电话欠费，冒充朋友借钱，冒充公、检、法执法人员等进行的诈骗。

（1）固定电话欠费诈骗作案手段：犯罪嫌疑人利用网络电话及任意显功能，冒充外地电信公司、公安机关等单位的工作人员打电话给被害人，称受害人的异地电话已大额欠费，后又称被害人身份被犯罪集团利用洗黑钱，谎称受害人的银行账户将冻结，让受害人将银行账号内钱款汇到安全账号进行诈骗。

（2）冒充朋友借钱诈骗作案手段：犯罪嫌疑人利用联网、阿里巴巴等渠道，事先掌握一批手机号码、姓名等资料，然后随机拨打事主电话，在电话中能叫出对方姓名，让事主误以为是朋友或者熟人。冒充成功后，再以"出交通事故、打人、嫖娼被抓"需要交钱为由，向事主借钱，叫事主汇钱到其账户，达到诈骗的目的。

（3）冒充公、检、法执法人员诈骗作案手段：犯罪分子假冒电信人工服务平台，打电话至居民家中，谎称事主有邮件（公安局、法院、检察院寄出的信件）未收、或身份证或银行卡被盗用参与贩毒洗黑钱等情况，事主否认以后，对方即将电话转接至所谓的"警方"，乘机套取事主身份资料并要求事主将现有的银行卡内资金转入他们金融保护中心的专门帐号进行保护。或在骗取受害人信任后引导受害人在 ATM 机进行转账操作以达到非法占有受害人钱财的目的。

2. 短信诈骗

短信诈骗是以中奖缴税、银行卡消费、低息贷款、自报银行账号等进行的诈骗。

（1）中奖缴税诈骗作案手段：犯罪嫌疑人利用短信发布各类虚假的"中奖"信息，等待当事人与其联系，进而以各种名义（个人所得税、缴纳运费、手续费等），要求当事人往指定的银行账户汇款进行诈骗。

（2）银行卡消费作案手段：犯罪嫌疑人漫发"在某商场消费××元"的短信，引诱事主上钩。一旦有人上钩回复电话查询，犯罪嫌疑人即按各自分工，冒充"客服中心"及"公安局金融科"人员，进一步引诱事主按其预设的圈套，让事主将自己卡中的钱转到其指定的账号上，实施诈骗。

（3）低息贷款诈骗作案手段：利用手机短信发布低息高额贷款信息，并承诺手续简便（无需担保），要求事主将利息汇入"专用账户"或以测试还款能力为由骗取事主钱财。

（4）自报银行账号诈骗作案手段：在短信诈骗案件中，目前群众由此方式被骗的较多。案犯一般采用"撒网捕鱼"的方式进行信息发送，而事主恰在此时有钱要汇出，以为对方改账号并催得紧，匆忙将钱汇出。除了这种直接提供银行账号外，还有银行卡失磁改账号，并自报账号，一般短信内容："款还没汇吧！那张卡失磁了，我另发一个农行账号给你，……"此两种诈骗信息均需要一定的前提条件，基于一定的概率，但只要有一定的可能性，那些不法分子仍会乐观地"守株待兔"。

### 3. 丢包诈骗

该类诈骗中施骗人员故意遗失一包物品（用薄丝袜子之类的透明物包着冥币或废纸）扔在受骗人附近后离开，另一同伙则一直在附近密切注意，如受骗人捡起此包，其同伙则快速上前"协助"事主检拾物品，将事主带至僻静无人处平分。

施骗人员一般对事主称其愿意"吃亏"，让事主拿出身上钱物将该

包拿走。或紧跟着丢包者也到来，并以所丢物品不符为由要求事主拿出财物赔偿损失，乘机实施抢夺、抢劫等犯罪活动。

### 4．封建迷信诈骗

"神医"看病，"替你消灾"等封建迷信诈骗。

该类案件主要发生在农村、牧区或集贸市场等人流量较大的地方，作案对象主要是中老年妇女。

"神医"看病常用的手法：施骗人员中的一人先向受骗人打听某"神医"所在地，其同伙自称知道"神医"所在地，鼓动受骗人与其一同前往，在路上以拉家常的方式套取受骗

人的基本情况，再将基本情况告诉冒充"神医"的同伙。见面后，"神医"利用基本情况骗取受骗人的信任，说受骗人家庭有血光之灾、家人有病痛、能让生男孩等，让受骗人拿出大量现金来做法事，然后用废纸、冥币等物将现金换走。

### 5．外币诈骗

该类诈骗对象多是一些文化程度不高的商人，诈骗者常利用作废外币或低值高额外币（如秘鲁币）冒充美元、英镑实施诈骗。施骗人多称急需人民币现金，愿意低价兑换或抵押外币。有时还有同伙冒充银行工作人员鉴别真伪，介绍外币当前行情，唆使受骗人购买。

### 6. 宝物诈骗

宝物诈骗是以假金砖、假银元、假银元宝、假金佛、假金龟等进行诈骗。

作案手段：结伙作案，犯罪嫌疑人携带所谓的金佛、金砖、金元宝、银元宝、银元等，以打听老乡住址为由搭讪他人，自称在工地上打工时挖到或家里住宅已有百年的历史、祖宗留下的民国时期的遗物，因家里有事或各种原因编造的谎言骗取受骗人信任，以低价转卖假金砖、假银元、假银元宝、假地契、假金龟给受骗人。多选择单身妇女或老年人为作案目标，作案地点多为城乡结合部，作案时间全部在白天。

### 7. 以出售药品、保健品为名进行诈骗

该类诈骗者一般都持有伪造的权威部门的检验报告、疗效证明、广告批准文号、许可证等证件。施骗人员将普通中、西成药改换包装冒充特效药品或保健品，现场演示其用法和功效，有时利用"功夫"演示骗取你的信任，后出售药品。

### 8. QQ 诈骗

作案手段：犯罪嫌疑人先盗取 QQ 号码，再给该号码里面的好友发送诈骗信息犯罪分子窃取 QQ 后，冒充 QQ 主人，发信息给该号码里的好友，称自己急需用钱而向对方借钱，或事先截取 QQ 主人视频以急事借钱为由实施诈骗，很多人收到信息或看到 QQ 主人视频后便按对方的指示将钱汇到指定的账号，从而受骗。

### 9. 购物诈骗

作案手段：此类案件是多为网络交易诈骗，犯罪嫌疑人通过在网上发布廉价商品信息，让消费者购买，等消费者与其联系后，并打过定金，再与消费者联系，称其货物已到某地或者被谁扣留等，诱骗消费者交纳保证金和押金等，往往消费者都与其进行电话联系，根本没见到货物和物主。

### 10. 假冒军、警人诈骗

犯罪嫌疑人冒充某部队后勤采购人员，以采购部队所需餐盘、车辆装修材料、电脑耗材、日用品、帐篷等物品为由对个体商户实施诈骗。一般诈骗手段为：事先由一名犯罪嫌疑人甲将"样品"以低价放至某商铺内，并留下联系方式，过几天后，另一名犯罪嫌疑人乙冒充军人到该店购买"样品"，并要求店主大量进货，一般金额在 3 万～ 10 万元，店主为短时间内获取大额利润，会主动与犯罪嫌疑人甲联系，甲要求店主现行支付货款，店主与犯罪嫌疑人乙联系，乙称单位有事，要求店主垫付，稍后将钱送到，店主支付货款后即被骗。

 **如何预防诈骗**

（1）增强防范意识，克服随大流心理。

（2）不能贪图小便宜，牢记"天上不会掉馅饼"。

（3）不以貌取人、不迷信权贵、不趋炎附势。

（4）增强抵制诱惑的能力，不贪美色，切忌求助心切，贪图私利。

（5）不可轻信言行多变的人。

（6）支交财物时，应深思熟虑。

（7）在公众场所，对陌生人应保持警惕，不食用其饮料和食品；不跟陌生人到偏僻处，不与陌生人倾心交谈。

（8）遇有可疑人或事，遭到骗子"暗算"，应立即报警。

（9）对街头乞讨、求助的"可怜人"，要仔细识别，防止上当。

（10）不要在马路上测字、看相、算命等，买药、就医要到正规的医院和药房，不听信迷信和祖传秘方。

 **自救对策**

虽然行骗手段多种多样，但骗子行骗基本上都是抓住人们心理上的某种弱点，或以利相诱，或危言耸听，最终目的就是骗取财物。各种骗术层出不穷，花招屡屡翻新，但"莫贪小便宜""天上不会掉馅饼"等警示语仍是最有效的防骗"格言"，一旦发现被骗，采取以下两个方法：

（1）迅速报案，要防止打草惊蛇。

（2）赶快想办法及时掌握对方的有罪证据。

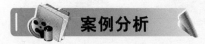 **案例分析**

◆案例一：一学校学生小刘在宿舍上网，登陆 QQ 后发现在国外留学的好友也在网上，聊了一会儿，"好友"把视频打开了，小刘一看就是好友的影像，但此时视频马上就关闭了，"好友"接着说，自己的哥哥在生意上有点麻烦今天急需用钱，让小刘先给他哥

哥汇款 3 000 元。小刘想也没想，就赶紧去银行办理了汇款业务，汇完款后小刘给好友打了电话，好友说什么钱呀，小刘说你不是让我给你哥哥汇款 3 000 元吗？这时她才发现被骗了。

如果遇到类似情况，大家应当摸清对方的真实身份。需要特别当心的是一些犯罪分子冒充熟人的网络视频诈骗，通过盗取图像的方式用"视频"与您聊天，遇上这种情况，最好先与朋友通过打电话等途径取得联系，防止被骗。或者骗子使用黑客程序破解用户密码，张冠李戴冒名顶替向事主的 QQ 好友借钱，若事主没有识别很容易上当。

◆案例二：王先生在家上网时，屏幕上弹出一条中奖信息，提示王先生的中了二等奖，奖金 58 000 元和一部"三星"牌笔记本电脑，对方要求王先生在得到奖品之前必须先汇 1 580 元邮费，王先生马上照办，对方又要求汇 3 880 元保证金，王先生再次照办，对方再次要求汇 7 760 元的个人所得税，王先生接着照办，对方最后要求还得再汇 6 000 元的无线上网费，王先生汇完钱后就再也联系不上对方了，这时他才发觉自己被骗了。

犯罪分子利用传播软件随意向互联网用户发布中奖提示信息，当事主按照指定的"电话"或"网页"进行咨询查证时，犯罪分子以中奖缴税等各种理由让事主一次次汇款，直到失去联系，事主才发觉被骗。当您上网时会收到一些来历不明的中奖提示，不管内容有多么逼真诱人，请您千万不能相信，更不要按照所谓的咨询电话或网页进行查证，否则您将一步步陷入骗局之中。

 特别提示

### 1. 要有反诈骗意识

俗话说："害人之心不可有，防人之心不可无。"当然，"防人"并不是要搞得人心惶惶，关键是要有这种意识，对于任何人，尤其是陌生人，不可随意轻信和盲目随从，遇人遇事，应有清醒的认识，不要因为对方说了什么好话，许诺了什么好处就轻信、盲从。要懂得调查和思考，在此基础上作出正确的反应。

### 2. 不要感情用事

诈骗分子的最终目的是骗取钱财，并且是在尽可能短的时间内骗走。因此，对于表面上讲"感情""哥们义气"的诈骗分子（特别是新认识的"朋友""老乡"、遭受不幸的"落难者"），若对你提出钱财方面的要求，切不可被感情的表象所蒙蔽，不要一味"跟着感觉走"而缺乏理智，要学会"听、观、辨"，即听其言、观其色、辨其行，要懂得用理智去分析问题。最好能对比一下在常理下应作出的反应，如认为对方的钱财要求不合实际或超乎常理时，应及时向老师或保卫部门反映，以避免不应有的损失。对过于主动自夸自己"本事"或"能耐"的人，或者过于热情地希望"帮助"你解决困难的人，要特别注意。那些自称名流、能人的诈骗分子为了能更快地取得你的信任，以达到其不可告人的目的，大多都会主动地在你面前炫耀自己的"本事"，说自己是如何了得，取得什么成就，而且他正在运用他的"本事""能耐"为你解决困难或满足你的请求。当你遇到这种人时，你应当格外注意，因为你面前的那个"能人"很可能是一个十足的诈骗分子，而且他正企图骗取你的信

任，此时你的反应很大程度上决定了你此后是否上当受骗。

### 3. 切忌贪小便宜

对飞来的"横财"和"好处"，特别是不很熟悉的人所许诺的利益，要深思和调查。要知道，天上是不会掉下馅饼的，克服贪小便宜的心理，就不会对突然而来的"好处"欣喜若狂。对于这些"横财"和"好处"，最好的防范是三思而后行。总之，诈骗分子行骗的过程可分为两个阶段：一是博得信任，二是骗取对方财物。对于行骗者和受骗者来说，第一阶段都是最重要的，也是行骗者行为表现得最为突出的阶段。虽然行骗手段多种多样，但只要我们树立较强的反诈骗意识，克服内心的一些不良心理，保持应有的清醒，做到"三思而后行，三查而后行"，在绝大多数情况下是可以避免上当受骗的。

# 4

# 第四章 网络侵害

随着互联网技术的不断发展和广泛应用，互联网与公民的工作、生产、生活联系越来越紧密。近年来，不法分子利用网络实施非法侵害的事件也不断增多，严重威胁公民的生命、财产安全。应对网络非法侵害事件也成为公民预防和应对非法侵害的重要课题。

## 一、网络病毒

网络病毒指编制或者在计算机程序中插入的破坏功能或者破坏数据，影响计算机使用并且能够自我复制的一组指令或者程序代码。

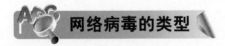 网络病毒的类型

按入侵方式可分为：

（1）操作系统型病毒（圆点病毒和大麻病毒是典型的操作系统病毒），这种病毒具有很强的破坏力（用它自己的程序意图加入或取代部分操作系统进行工作），可以导致整个系统的瘫痪。

（2）原码病毒，在程序被编译之前插入到 FORTRAN、C 或 PASCAL 等语言编制的源程序里，完成这一工作的病毒程序一般是在语言处理程序或连接程序中。

（3）外壳病毒，常附在主程序的首尾，对源程序不作更改，这种病毒较常见，易于编写，也易于发现，一般测试可执行文件的大小即可知。

（4）入侵病毒，侵入到主程序之中，并替代主程序中部分不常用到的功能模块或堆栈区，这种病毒一般是针对某些特定程序而编写的。

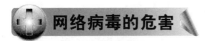

## 网络病毒的危害

### 1．电脑运行缓慢

病毒运行时不仅要占用内存，还会中断、干扰系统运行，使系统运行缓慢。有些病毒能控制程序或系统的启动程序，当系

统刚开始启动或是一个应用程序被载入时，这些病毒将执行它们的动作，因此会花更多时间来载入程序，对一个简单的工作，磁盘似乎花了比预期长的时间，例如：储存一页的文字若需一秒，但病毒可能会花更长时间来寻找未感染文件。

### 2．消耗计算机资源

如果你并没有存取磁盘，但磁盘指示灯狂闪不停，这可能预示着电脑已经受到病毒感染了。很多病毒在活动状态下都是常驻内存的，如果发现你并没有运行

多少程序时系统却已经被占用了不少内存，这就有可能是病毒在作

怪了；一些文件型病毒传染速度很快，在短时间内感染大量文件，每个文件都不同程度地加长了，造成磁盘空间的严重浪费。

### 3. 破坏硬盘和数据

引导区病毒会破坏硬盘引导区信息，使电脑无法启动，硬盘分区丢失。如果某一天，你的机器读取了 U 盘后，再也无法启动，而且用其他的系统启动盘也无法进入，则很有可能是中了引导区病毒；正

常情况下，一些系统文件或是应用程序的大小是固定的，某一天，当你发现这些程序大小与原来不一样时，十有八九是病毒在作怪。

### 4. 窃取隐私账号

如今已是木马大行其道的时代，据统计如今木马在病毒中比重已占七成左右。而其中大部分都是以窃取用户信息，获取经济利益为目的，如窃取用户资料、网银账号

密码、网游账号密码等。一旦这些信息失窃，将给用户带来不小经济损失。

 ## 如何预防网络病毒

### 1. 安装杀毒软件并升级病毒库

国产的杀毒软件有：微点、江民、金山、瑞星、360 等。

国外的杀毒软件有：赛门铁克、麦咖啡、趋势、卡巴斯基、小红伞等。

## 2．使用防火墙和反间谍软件

防火墙是保护您电脑的一个外壳，它识别并过滤掉威胁信息，让安全的信息通过并到达您的电脑。

间谍软件最经常的做法是自动弹出窗口显示广告信息，窃取用户信息，监视用户的上网活动，或者把您输入的网络地址换成其他的广告网址。反间谍软件能很好地对它进行控制。

## 3．安装最新的操作系统补丁

黑客经常开发新类型的恶意软件，他们攻击您的电脑都是利用操作系统漏洞。因此，为了保护您的电脑，提高电脑的安全性，对操作系统打上最新的升级补丁是必要的。在每个月的第二个星期二，微软都会发布补丁。

## 4．下载时要小心

并不是所有的免费软件都不好，古语天下没有免费的午餐，对于免费网络下载来说大体是正确的。垃圾邮件常常将危险的恶意软件隐藏在电脑程序中，这些程序在网络上是免费的。

来啊！来啊！快来啊！

当您不知道他们已经感染病毒，选择下载这些免费软件，绕过防火墙和反病毒保护，结果常常使您自己暴露于很严重的恶意软件感染中。

5. 小心处理邮件

当您下载邮件附件时，您的电脑是不知道它带不带病毒的。有 90% 的病毒就是通过这种方式感染的。

不要轻易点击邮件中的链接，一个普遍的欺骗技术就是在您的邮件中添加一个指向恶意网站的链接，哄骗人们点击此链接，泄漏个人信息或自动下载病毒文件安装在您的 PC 机上。

## 自救对策

在病毒无处不在的今天，网络安全越来越受到大家的重视。据调查数据显示，近 80% 的网络安全事故都是病毒引起的，碰到网络病毒时，我们该怎么办呢？大家第一时间想到的一定是用杀毒软件查杀。当然，有了病毒就要查杀，这个想法无可厚非，处理方面也最简单。但是，大家可能会忽略以下几个非常重要的步骤：

（1）快速断开网络。当你发现不幸遭遇病毒入侵之后，当机立断的一件事就是断开你的网络连接，以避免病毒的进一步扩散。

（2）及时备份文件。当你做好第一步断开网络之后，接着就是运行杀毒软件进行清除。但是，为了防止杀毒软件误杀或是删除你还没有处理完的文档，安全专家建议，最好先将相关重要文件及资料转移备份到其他移动储存盘上，如 USB 盘、移动硬盘、刻录盘等，尽量不要使用本地硬盘，以确保数据的安全。不过，提醒你先不要退出 Windows，因为病毒一旦发作，也许就不能进入 Windows 了。如果作了 GHOST 备份，利用映像文件来恢复系统，这样连潜在的木马程序也清除了，当然，这要求你的 GHOST 备份是安全不带病毒的。

（3）借助杀毒软件。由于中毒后，Windows 已经被破坏了部分关键文件，会频繁地非法操作，所以 Windows 下的杀毒软件可能会无法运行，所以应该准备一个 DOS 下的杀毒软件以防万一。在多数情况下 Windows 可能要重装，因为病毒会破坏掉一部分文件让系统变慢或出现频繁的非法操作。由于杀毒软件在开发时侧重点不同、使用的杀毒引擎不同，各种杀毒软件都有自己的长处和短处，交叉使用效果较理想。现在流行的杀毒软件在技术上都有所提高，并能及时更新病毒库，因此一般情况下你所碰到的病毒都应该在杀毒软件的围剿范围内。

## 案例分析

◆案例：黑龙江某大学学生郭某与山东网吧网管孙某经网络相识后，异地联手作案，用"灰鸽子木马"远程监控程序，一夜间窃取网民张某电脑中储存的银行账号、密码和电子银行证书，并把账号内存款 48 万元全部划走购买游戏点卡，而后通过出售游戏点卡方式兑现。

一般来说，犯罪分子实施"木马"入侵的具体步骤首先是编写或下载"木马病毒"，而后根据不同对象伪装"木马"链接、软件或文件，第三步搜索入侵目标邮箱并发送，等待伪装"木马"

软件启动。一旦"木马"被接收方点击启动后，便弹回病毒反弹链接，将该链接设为"种植者（黑客）"的域名，也就完成对目标电脑（俗称"肉鸡"）的控制。

很多受骗网民根本不相信"木马"能神通广大到盗取账号、钱财的地步。骗子正是利用这个心理用所谓的"木马"高科技伪装交易链接、正式文件实施诈骗。另外，一些大型企业的网络交易网站缺乏管理，安全漏洞太多，导致犯罪分子在网上挂"木马"轻而易举也是造成这类案件多发的一个重要原因。

## 特别提示

一个很好的工具：360。一个免费的杀毒工具和日常维护工具，小工具解决大问题。

## 二、网络诈骗

网络诈骗通常指为达到某种目的在网络上以各种形式向他人骗取财物的诈骗手段。

**网络诈骗的类型**

### 1. 网上中奖诈骗

网上中奖诈骗是指犯罪
分子利用传播软件随意向互
联网 QQ 用户、MSN 用户、
邮箱用户、网络游戏用户、
淘宝用户等发布中奖提示信

息，当事主按照指定的"电话"或"网页"进行咨询查证时，犯罪
分子以中奖缴税等各种理由让事主一次次汇款，直到失去联系事主
才发觉被骗。当您登陆 QQ 或打开邮箱时是否会收到一些来历不明
的中奖提示，不管内容有多么逼真诱人，请您千万不能相信，更不
要按照所谓的咨询电话或网页进行查证，否则您将一步步陷入骗局
之中。

### 2. 假冒身份诈骗

骗子通过各种方法盗窃
QQ 账号、邮箱账号后，向用
户的好友、联系人发布信息，
声称遇到紧急情况，请对方汇
款到其指定账户。现在网络上
又出现了一种以 QQ 视频聊天
为手段实施诈骗的新手段，嫌

疑人在与网民视频聊天时录下其影像，然后盗取其 QQ 密码，再用
录下的影像冒充该网民向其 QQ 群里的亲朋好友"借钱"。

3. 网上购物诈骗

网络购物诈骗是指事主在互联网上购买商品时而发生的诈骗案件。

其表现形式有以下六种：

（1）多次汇款——骗子以未收到货款或提出要汇款到一定数目方能将以前款项退还等各种理由迫使事主多次汇款。

（2）假链接、假网页——骗子为事主提供虚假链接或网页，交易往往显示不成功，让事主多次往里汇钱。

（3）拒绝安全支付法——骗子以种种理由拒绝使用网站的第三方安全支付工具，比如谎称"我自己的账户最近出现故障，不能用安全支付收款"或"不使用支付宝，因为要收手续费，可以再给你算便宜一些"等等。

（4）收取订金骗钱法——骗子要求事主先付一定数额的订金或保证金，然后才发货。然后就会利用事主急于拿到货物的迫切心理以种种看似合理的理由，诱使事主追加订金。

（5）约见汇款——网上购买二手车、火车票等诈骗的常见手法，骗子一方面约见事主在某地见面验车或给票，又要求事主的朋友一接到事主电话就马上汇款，骗子利用"来电任意显软件"冒充事主给其朋友打电话让其汇款。

（6）以次充好——用假冒、劣质、低廉的山寨产品冒充名牌商品，事主收货后连呼上当，叫苦不堪。

### 4. 网络钓鱼诈骗

"网络钓鱼"是当前最为常见也较为隐蔽的网络诈骗形式。所谓"网络钓鱼"，是指犯罪分子通过使用"盗号木马""网络监听"以及伪造的假网站或网页等手法，盗取用  户的银行账号、证券账号、密码信息和其他个人资料，然后以转账盗款、网上购物或制作假卡等方式获取利益。主要可细分为以下两种方式：

（1）发送电子邮件，以虚假信息引诱用户中圈套。诈骗分子以垃圾邮件的形式大量发送欺诈性邮件，这些邮件多以中奖、顾问、对账等内容引诱用户在邮件中填入金融账号和密码，或是以各种紧迫的理由要求收件人登录某网页提交用户名、密码、身份证号、信用卡号等信息，继而盗窃用户资金。

（2）建立假冒网上银行、网上证券网站，骗取用户账号密码实施盗窃。犯罪分子建立起域名和网页内容都与真正网上银行系统、网上证券交易平台极为相似的网站，引诱用户输入账号密码等信息，进而通过真正的网上银行、网上证券系统或者伪造银行储蓄卡、证券交易卡盗窃资金。还有的利用合法网站服务器程序上的漏洞，在站点的某些网页中插入恶意代码，屏蔽一些可以用来辨别网站真假的重要信息，以窃取用户信息。

## 如何预防网络诈骗

目前，各网络运行商与通信运行商及各级管理部门正与各级公安机关通力合作，一方面通过自己的管理与技术手段封堵各类虚假信息，加强防范；另一方面积极配合公安机关加大对利用网络虚拟空间进行诈骗的犯罪嫌疑人的打击力度。更重要的是通过广播、电视、报纸、网络等媒体，加大对此类犯罪防范的宣传力度，提高群众的防范意识，最大限度地减少网络诈骗犯罪案件的发生。

经分析，网络诈骗受骗人群中男性占 67%，女性占 33%；从年龄段上看，30 岁以下的占 72.3%，尤以 20 ～ 30 岁为主要受骗人群，占 56%，30 ～ 50 岁的人群占 23.5%，50 岁以上的仅占 4.2%；从职业类型分析，以职员和学生最多，分别占受骗人群的 34% 和 15.2%，其次是无业人员占 12.8%、农民占 6.1%；文化程度大多数为初高中和大专，其中也不乏有高知人员上当受骗。

面对互联网上的种类繁多的诈骗犯罪活动，如何才能识破骗局、避免上当呢？建议您使用以下几种方法来避免受骗：

（1）用搜索引擎搜索一下这家公司或网店，查看电话、地址、联系人、营业执照等证件之间内容是否相符，对网站的真实性进行核实。正规网站的首页都具有"红盾"图标和"ICP"编号，以文字链接的形式出现。

（2）看清网站上是否注明公司的办公地址，如果有，不妨与该公司的人交涉一下，表示自己距离该地址很近，可直接到公司付款。如果对方以种种借口推脱、阻挠，那就证明这是个陷阱。

（3）在网上购物时最好尽量去在现实生活中信誉良好的公司所

开设的网站或大型知名的有信用制度和安全保障的购物网站购买所需的物品。

（4）不要被某些网站上价格低廉的商品所迷惑，这往往是犯罪嫌疑人设下的诱饵。

（5）对于在网络上或通过电子邮件以朋友身份招揽投资赚钱计划，或快速致富方案等信息要格外小心，不要轻信免费赠品或抽中大奖之类的通知，更不要向其支付任何费用。

（6）对于发现的不良信息及涉嫌诈骗的网站应及时向公安机关进行举报。

## 自救对策

当你在网上遇到骗子后，你该怎么做呢？

（1）不要主动与对方联系，不要拨打所谓的咨询电话，这样只能使您一步步上钩。

（2）不要过分依赖网络，遇到有人借款，要牢记"不决断晚交钱，睡一觉过一天，再找亲人谈一谈"的口诀，比如对方要求你现在把钱给寄过来，你就记住不决断晚交钱，说等一等，明天再说；第二句话"睡一觉过一天"是说一般睡一觉到第二天早上起来都明白了，当时觉得比较晕，叫忽悠，睡一觉就好了；最后是找同学、室友、亲人谈一谈，大家聊一聊。有这三句话就保了三个险。

（3）一旦发觉对方可能是骗子，马上停止汇款，不再继续交钱，防止扩大损失。

（4）马上进行举报，可拨打官网客服电话、当地派出所电话或"110"报警电话向有关部门进行求证或举报。

## 案例分析

◆案例一：刘先生在某网站上浏览到一款手机只要 780 元，该机市场售价在 2 000 元左右。刘先生在网站上获得了卖家的 QQ 号，便与对方取得联系。刘先生想了解一下该网站商品"低价的内幕"，卖家告诉他，因为产品为"海关没收的走私产品"，所以价格比"水货"（走私货）还低。这个解释让他放松了警惕，因为刘先生要购买两部，最后以 750 元一部的价格成交。对方要求刘先生先将部分货款汇到账上，他们会在两天内通过快递发货，待收到货以后再付余款。刘先生在汇出了一半货款 750 元后，很快就接到了卖家的电话，说款已收到，他们将尽快将手机寄出。但是刘先生在等待多日后也不见手机送货上门，就打电话过去询问，此时卖家的电话号码已经变为空号，同时 QQ 也不再上线。

上述案例中，骗子主要采用的手段就是虚标价格和介绍产品为海关罚没品，通过这些手段让买家没有了戒备心。因此研究一个卖家的信用是非常重要的（通俗点讲就是卖家的人品）。同时还要了解清楚产品是否正品，弄清楚其经营网站的合法性。

◆案例二：不少网友在登录淘宝网后收到一条站内短信：尊敬的客户，恭喜您在本次淘宝热门活动中获奖……并提供链接网址http://taobao.gegecn.com.cn。点击该网址后弹出的页面与淘宝网毫无区别，用户在输入账号和密码后，被要求提供一张银行卡的卡号，并支付1 000多元的手续费，方可领取"大奖"。该可疑网页不仅高度逼真，且输入用户名和密码后，可以正常登录淘宝网站，其中显示的个人信息完全正确，有很强的误导性。

这些网站均系假冒，其地址为一个前缀为taobao的二级域名，并通过技术手段与真正的淘宝网建立了某种关联，并安装了木马程序，一旦客户通过假冒网站登录，密码很可能被窃取。

## 特别提示

哪些人容易成为犯罪分子的侵害对象呢？据数据显示，年龄在20～30岁，受过高等教育的网民是最容易受到这类不法侵害的，尤以大学在校生和公司职员为最多。此外，喜欢上网，对网络世界一知半解的中老年人，也可能成为网络诈骗的受害者。

**典型骗术一：冒充合法网站实施"购物"诈骗**

【防范建议】养成从 www.taobao.com 等正规网站登录的习惯；养成观察域名的习惯，主域名必须以 taobao.com 结尾，否则需要慎重对待；在网络上保持警惕，不要见到用户名密码输入就输入，防止被骗；如果有旺旺图标，建议点击进去看看是否存在。

**典型骗术二：以让利等为诱惑实施网络购物诈骗**

【防范建议】要坚持使用支付宝之类的第三方交易平台，绝不轻信价格便宜，可以用线下交易直接汇款等理由，拒绝先付订金；在网上购买需要核对对方身份；注意保存购物凭据及网上聊天记录，以便在维权的过程中向网上商家索赔；用银行卡支付，最好使用一个专用账户，卡内不宜存放太多资金。

**典型骗术三：QQ 视频冒充亲朋好友实施诈骗**

【防范建议】谨慎辨认对方身份，在遇到类似情况特别是要求汇款等涉及财物问题时，一定要用电话或其他方式联系对方，或在聊天时设置一些问题以辨别对方身份。如确认为诈骗，应在第一时间通知其他好友，防止被骗。

**典型骗术四：以提供预测股票、彩票等中奖号码为由实施诈骗**

【防范建议】对于收到的预测、中奖、超低价商品的信息要保持警惕；对电话、短信、网站中透露的相关信息如有疑问，一定要通过正规渠道核实，不要急于转账或透露个人信息；绝不按照陌生人

的指令在银行 ATM 机上进行转账操作。

典型骗术五：以聊天工具发布虚假中奖信息实施诈骗

【防范建议】一些来历不明的中奖提示，不管内容有多么逼真诱人，请千万不能相信，更不要按照所谓的咨询电话或网页进行查证，否则将一步步陷入骗局之中。

典型骗术六：网络游戏交易中实施的诈骗

【防范建议】警惕互联网中发布的低价虚拟商品交易信息，这些往往都是骗子们的诱饵，正规游戏交易网站绝不会让用户交纳任何形式的交易保障金。

典型骗术七：利用虚假贷款网站虚构事实实施诈骗

【防范建议】谨防急需资金，无需抵押的心理被人利用，不要相信愿意垫付部分资金等假象信息；要辨识网站的真实可靠性，可利用 www.apnic.net、www.ip138.com 等查询域名属地网站确认网站所在地，服务器不在我国境内的多为假网站。

典型骗术八：利用电信实施银行卡诈骗

【防范建议】先确认自己是否曾办理过对方所说的银行卡，有疑问应拨打官方网客服电话或向被冒充的政府单位求证，千万不要拨打对方提供的电话号码核实，因为电话另一头是骗子团伙。

典型骗术九：以"银行"升级电子口令为名实施的诈骗

【防范建议】要仔细甄别不明来历的短信，银行所有相关的业务信息只会通过官方短信平台以及官方网站发布；办理网银业务时请直接在地址栏中手工输入银行的官网地址，不要点击来历不明的链接，特别在录入网银卡号、密码和动态口令时，更要仔细核对。如果发现上当受骗，无论损失金额大小，都要尽快报案，全面提供诈骗手机号码、短信内容、"钓鱼网站"、银行账号等涉案信息，以便警方迅速破案，追回损失。

典型骗术十：使用木马技术等实施诈骗

【防范建议】安装防病毒软件并及时更新病毒库。不要打开来源不明，文件扩展名为 exe、scr 或 vbs 的附件，也不要打开双扩展名的文件，如 txt.vbs。

## 三、网络色情

所谓网络色情是指网络上以性或人体裸露为主要诉求的信息，其目的在挑逗引发使用者的性欲，而不具任何教育、医学或艺术价值者。其表现方式可以是透过文字、声音、影像、图片、漫画等。

  **网络色情的类型**

### 1. 色情图片

这是网上最常见，也是最猖獗的色情传播方式。这些色情图片是网络上人们接触到的最多的、刺激最强的色情内容。一些青少年除正常使用网络技术、信息外，一个主要目的就是浏览这类色情图片。这类色情图片对人的感官刺激非常明显。

### 2. 色情文字

一些网站或网页以大量的露骨的性描述作为主要内容。这些内容在成年人看来，都会眼红耳热。而且这类以色情文字为主要内容的网站，在设计网页方面非常老道，网站上的内容、文件下载起来非常方便。

3. 色情录像

随着多媒体尤其是视音频技术的发展，色情录像成为网络色情传播的重要方式。这些色情录像以数字化压缩的方式将动态画面和声音以数百倍的效率压缩到很小的存储字节，可以方便地从网上直接在线播放或下载后以离线的方式播放。

4. 网上色情交流

这种网上色情交流对一些青少年可能更具有吸引力。主要在于这种交流具有很高的参与性、不可预知性及神秘性。网上色情交流的场所主要是以性爱话题为主的网上聊天室或新闻组。在国内很多的网站（包括一些个人网站），不管是有名还是无名的，都可以发现以性爱为主题的聊天室。所聊的内容充斥着性的挑逗与肮脏的性交易。

5. 网上色情广告

这种传播方式主要是通过网络推销色情产品。如各种与性生活有关的产品以及传统形式上的录像带、影碟、光盘等。目前国内一些网站就打着"健康"的旗号，在网站上兜售这类色情产品。

6. 色情电子邮件

一些色情图片、文字通过电子邮件的方式对用户进行侵入与骚扰。如果说前面五种传播方式是青少年自主行为的话，色情电子邮件则完全是网络色情制造者、传播者对网络用户的恶意侵害。

 **网络色情的危害**

网络色情被称为"电子海洛因"，足以说明它的危害性。

（1）影响青少年网民的学业或工作。迷恋网络色情对青少年最直接、最明显的影响是荒废他们正常的学业或工作。根据中国互联网信息中心的调查，网络用户平均每周上网时间达到8.5小时。个人的精力、时间是有限的，把大量的精力、时间浪费在网络聊天室必然会影响青少年的学业或工作。

（2）扭曲青少年的身心健康甚至走向性犯罪。网络色情提供大量的色情图片与文字，而其中的很多图片与文字宣扬的是各种畸形的性行为，如性变态、同性恋、恋童癖、乱伦等。青少年不论是主动寻求还是被动接受这类信息，对他们形成正确的性观念、性行为都会产生冲击。更为严重的是，一些打着"健康"旗号的网站传授的所谓"性知识"错误百出，根本就不具有科学性与严谨性。长期接受这些畸形的、错误的信息对青少年的身心健康的塑造、发展会产生破坏性的影响。一些自制力差、意志薄弱的青少年禁不住诱惑，铤而走险，从此走向性犯罪的深渊。媒体已披露过多起青少年学生因长期迷恋网络色情而不能自拔，最终走向性犯罪的案例。

（3）危及青少年的人身安全甚至性命。一些有组织的色情制造、传播者利用网络聊天室诱骗青少年提供各种有偿的性服务（为别人或为自己），不仅是明目张胆的犯罪，对青少年的人身安全甚至是性命构成了直接的威胁。在南方某省就发生一起犯罪团伙利用网络聊天室诱骗女性青少年卖淫的恶性事件。而一些个人犯罪分子则利用聊天室与青少年网友进行"网恋"、"网婚"，时机成熟时约请见面。自今年初以来，媒体报道了不少于5起青少年女性被网友强暴并残杀的案例。网络色情对执迷不悟的青少年的人身安全构成了直接的威胁，一些青少年甚至付出了生命的代价。

**如何预防网络色情**

（1）政府职能部门要加强对网络色情的监督与打击的力度。与对传统的纸质、音像方面的色情制品的打击相比，政府职能部门对网络色情的打击力度明显不足。

（2）整个社会必须联合起来，共同打击网络色情。打击网络色情绝不仅仅是政府职能部门与法律的事情，而是和每一个人都息息相关。网络色情的跨时空特点可能使得各级政府职能部门顾此失彼，穷于应付。

（3）青少年网民要加强自身素质的培养，坚决抵制网络色情的诱惑。网络色情的制造者、传播者固然可恶，应受到严厉惩罚，但众多网民尤其是青少年网民对网络色情信息、色情服务的狂热追逐说明了自身素质较低。

**案例分析**

◆案例一：2006 年 10 月 18 日，河南省许昌市公安机关成功破获张旭辉利用美萍 VOD 点播系统网络传播淫秽色情电影案。该色情网站开办后短短几天内，提供色情电影超过 120 部，访问量达5 600 多人次。

目前，张旭辉已被许昌市襄城县人民法院一审判处有期徒刑一年缓刑一年。

◆案例二：2006 年 5 月 24 日，天津市公安机关破获了李某开办"激情帝国"淫秽网站传播淫秽物品牟利案。该网站充斥着描写性行为及暴露性器官的图片、视频和描写性交场面的小说，共有注册会员 26 万余人，发帖 8 万多张，涉案金额 1 万余元。目前，以传播淫秽物品牟利罪，判处网站创办者李某有期徒刑 4 年。

这些案例告诉我们，网络色情泛滥，一方面与其背后巨大的经济利益的诱惑有关；另一方面与政府职能部门对网络色情危害性的认识、监管力度不足和广大网民的素质较低有关。但不论是哪种情况，政府职能部门一定要把监督与打击网络色情作为一项长期的工作来抓，对色情制造、传播团伙及个人进行严厉的惩罚。同时，要发挥整个社会的力量，尤其是依靠广大网民的力量。政府职能部门可以设置各种举报电话或网站，方便网民对色情网站或网页进行举报。对举报的色情网站或网页给予坚决的封堵、查处，对经营色情网站或网页的团伙或个人进行坚决的打击。整个社会都应该高度重视网络色情的严重危害性，建立多渠道的网络犯罪报案系统，完善网络行为的监管机制，营造一个使网络色情无处容身的健康的网络世界。

## 特别提示

（1）对广大青少年来说，应该从正面引导，并相应开设性心理健康课程。让青少年认识到早恋、过早性行为的危害。

（2）大多数青少年的社会化过程都是正常的，作为家长，要和学校、社会配合起来，及时发现孩子在日常生活中的不正常表现，及早找到孩子迷恋网络的原因。

（3）还可以实行网络分级制，由民间组织或者公共机构制定标准，把成年人与未成年人区分开，对网络色情加以限制和监管。

# 5

# 第五章　突发公共安全事件侵害

　　人们在日常工作、学习、生活中不可避免地面对一些突发公共安全事件，如恐怖袭击、社会暴力、校园暴力、社会群体性事件、纵火事件等，突发公共安全事件常威胁的是不特定公众的安全，对公众的安全威胁和危害极大，预防的难度大。面对突发公共安全事件，如何科学、合理地应用各种方法和措施保护公民的生命、财产安全迫切而重要。

## 一、恐怖袭击事件

　　恐怖袭击，泛指国际社会中某些国家，组织或个人采取绑架、暗杀、爆炸、空中劫持、扣押人质等恐怖手段，企图实现其政治目标或某项具体要求的主张和行动。

 **恐怖袭击的特点**

### 1. 恐怖组织和恐怖活动国际化

　　近年来，各种形式的恐怖主义在全球范围内呈扩大之势，据报道，当今世界上的恐怖组织有大大小小 1 000 个左右，大致有六类：① 极左翼恐怖组织。② 极右翼恐怖组织。③ 民族主义恐怖组织。

④ 宗教性恐怖组织。⑤ 国家恐怖组织。⑥ 黑社会恐怖组织。恐怖组织的存在让任何一个国家都无法置身事外。

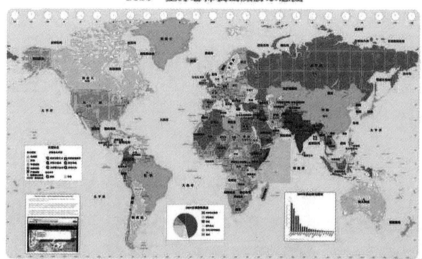

2010 全球恐怖袭击威胁示意图

各国恐怖组织"基地化","基地"组织全球化——"基地"依然是号召力的源泉，新一代领导成员虽然分散，但却没有失去统帅作用，许多成功或被挫败的袭击多少都与"基地"有联系。恐怖分子不仅化整为零、相对独立，而且盘根错节，遥相呼应。网络技术的便利为恐怖组织的跨国活动提供了既便宜又安全的条件。

2. 追求所谓"轰动效应"，恐怖活动更疯狂、更残暴

"让更多人看，要让更多人死"的"基地"组织作案模式成为恐怖组织的"蓝本"，恐怖分子不仅以极端残忍的手段让更多人死亡，而且还要让更多人看到这种血腥场面，以达到其最大的宣传效果。

恐怖袭击方式日益多样化，使用汽车炸弹和人体炸弹进行自杀式爆炸袭击案件不断增多，连环爆炸作案突出。在 9·11 事件中共

有 2 998 人遇难，其中 2 974 人被官方证实死亡，24 人下落不明，此外还有 411 名救援人员在事件中殉职。

### 3．恐怖袭击的热点地区和目标分散、扩大化

防范薄弱地区和地带正成为恐怖热点地区，恐怖袭击的具体目标由攻击政府或军事设施等"硬目标"转向防范薄弱的公共场所等"软目标"的趋势明显。

（1）海、陆、空目标都处于恐怖袭击的阴霾之下，现在，人们过度关注空中安全，针对软目标的袭击越来越多，地铁、公交车、大桥、人流量多的大街、购物中心、金融中心等都有可能遭袭。

（2）转向更加脆弱的目标，俄罗斯别斯兰人质惨剧表明，残忍的恐怖分子已把矛头指向小学生，这使反恐斗争更加艰巨。

4．"恐怖链条"不断扩展

"基地"虽在阿富汗受重创，但仍在亚洲一些国家负隅顽抗，北高加索、中东、南亚和东南亚形成了一个弧形的"恐怖链条"，而且有向非洲、拉丁美洲等地扩展的趋势。矛头分散指向美国首都华盛顿、大都市纽约、英国首都伦敦、俄罗斯首都莫斯科，这点反映出"基地"组织与美、英的矛盾以及车臣恐怖主义分子与俄罗斯的矛盾尖锐化。

5．手段不断变化

虽然今后恐怖活动的常规手段仍是爆炸、劫持、绑架、暗杀等，但值得人们警惕的是，恐怖分子很可能会在袭击手段上寻求再次突破。9·11事件以民用航空器作为武器的做法，已使恐怖分子在袭击方式上打开了"潘多拉"盒子。因此，今后恐怖分子很可能会采取各种难以想象的手段进行恐怖攻击，其中最为国际社会所担心的就是大规模杀伤性武器。这种以核生化为代表的毁灭性武器一旦为恐怖分子所掌握，其灾难性后果难以想象。

## 恐怖袭击的手段

恐怖袭击的手段主要有常规手段和非常规手段。

1．常规手段

（1）爆炸。炸弹爆炸、汽车炸弹爆炸、自杀性人体炸弹爆炸等。

（2）枪击。手枪射击、制式步枪或冲锋枪射击等。

（3）劫持。劫持人、车、船、飞机等。

（4）纵火。在商场、体育馆等公共聚集场所实施纵火。

2．非常规手段

（1）核与辐射恐怖袭击。通过核爆炸或放射性物质的散布，造成环境污染或使人员受到辐射照射。

（2）生物恐怖袭击。利用有害生物或有害生物产品侵害人、农作物、家畜等，如发生在美国9·11事件以后的炭疽邮件事件。

（3）化学恐怖袭击。利用有毒、有害化学物质侵害人、城市重要基础设施、食品与饮用水等，如东京地铁沙林毒气恐怖袭击事件。

（4）网络恐怖袭击活动。利用网络散布恐怖袭击、组织恐怖活动、攻击电脑程序和信息系统等。

 **恐怖袭击的危害**

1．影响周边国家的安全

恐怖组织不仅仅直接威胁所在国家的安全，还会对周边国家的安全造成很大威胁和影响。如由本·拉登领导的"基地"组织在阿富汗，但在9·11事件中袭击的却是远在千里之外的美国纽约世界贸易中心和华盛顿五角大楼。

2．严重破坏了各国的民族和睦

2003年，我国公安部反恐怖局公布了中国首批认定的恐怖组织名单，即东突厥斯坦伊斯兰运动、东突厥斯坦解放组织、世界维吾尔青年代表大会、东突厥斯坦新闻信息中心等。据不完全统计，仅1990年至2001年，境内外"东突"恐怖势力在我国新疆境内制造了至少200余起恐怖暴力事件，造成各民族群众、基层干部、宗教人士等162人丧生，440多人受伤，严重破坏了民族团结和睦。

### 3. 破坏经济发展和社会进步

9·11事件后，美国经济一度处于瘫痪状态，对一些产业造成了直接经济损失和影响。地处纽约曼哈顿岛的世界贸易中心是20世纪70年代初建起来的摩天大楼，造价高达11亿美元，是世界商业力量的汇聚之地，来自世界各地的企业共计1 200家之多，平时有5万人上班，每天来往办事的业务人员和游客约有15万人。两座摩天大楼一下子化为乌有，人才损失难以用数字估量。五角大楼的修复工作至少在几亿美元之上。

9·11事件后，大量设在世界贸易中心的大型投资公司丧失了大量财产、员工。全球许多股票市场受到影响，例如一些伦敦证券交易所还不得不进行疏散，道琼斯工业平均指数开盘第一天下跌14.26%。其中跌幅最严重的要数旅游、保险与航空股，美国的汽油价格也大幅度下跌。当时美国经济已经放缓，9·11事件则加深了全球经济的萧条。9·11事件的经济影响不仅局限于事件本身的直接损失。更重要的是影响了人们的投资和消费信心，使美元相对主流货币贬值、股市下跌、石油等战略物资价格一度上涨，并实时从地域上波及欧洲、亚洲等主流金融市场，引起市场的过激反应，从而导致美国和世界其他国家经济增长减慢。

4. 造成政局动荡、社会不稳

恐怖袭击在造成人们生命、财产等巨大损失的同时，也造成了公众心理上巨大的恐惧效应，这种心理恐惧效应的传播蔓延往往造成巨大的社会恐慌，严重影响社会稳定。众多恐怖袭击案例表明，恐怖活动中公众的心理恐惧以及恐惧带来的社会恐慌的后果往往比恐怖活动本身对社会、对人们所造成的危害还要大。

## 如何识别恐怖袭击

1. 识别恐怖嫌疑人

实施恐怖袭击的嫌疑人脸上不会贴有标记，但是会有一些不同寻常的举止行为可以引起我们的警惕，例如：

（1）神情恐慌、言行异常者。

（2）着装、携带物品与其身份明显不符，或与季节不协调者。

（3）冒称熟人、假献殷勤者。

（4）在检查过程中，催促检查或态度蛮横、不愿接受检查者。

（5）频繁进出大型活动场所。

（6）反复在警戒区附近出现。

（7）疑似公安部门通报的嫌疑人员。

此人神情慌张，衣服与季节不协调比较可疑。

110吗？我发现有可疑情况。

2．识别可疑车辆

（1）状态异常。车辆结合部位及边角外部的车漆颜色与车辆颜色是否一致，确定车辆是否改色；车的门锁、后备箱锁、车窗玻璃是否有撬压破损痕迹；车灯是否破损或异物填塞，车体表面是否附有异常导线或细绳。

（2）车辆停留异常。违反规定停留在水、电、气等重要设施附近或人员密集场所。

（3）车内人员异常。如在检查过程中，神色惊慌、催促检查或态度蛮横、不愿接受检查；发现警察后启动车辆躲避的。

3．识别可疑爆炸物

在不触动可疑物的前提下：

（1）看。由表及里、由近及远、由上到下无一遗漏地观察、识别、判断可疑物品或可疑部位有无暗藏的爆炸装置。

（2）听。在寂静的环境中用耳倾听是否有异常声响。

（3）嗅。如黑火药含有硫黄，会放出臭鸡蛋（硫化氢）味；自制硝铵炸药的硝酸铵会分解出明显的氨水味等。

识别可以爆炸物有三招：1 看 2 听 3 嗅

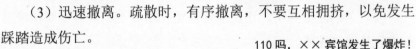

## 自救对策

**1. 发现可疑爆炸物时自救**

（1）不要触动。

别动，赶紧报警。

（2）及时报警。

（3）迅速撤离。疏散时，有序撤离，不要互相拥挤，以免发生踩踏造成伤亡。

（4）协助警方的调查。目击者应尽量识别可疑物发现的时间、大小、位置、外观、有无人动过等情况，如有可能，用手中的照相机进行照相或录像，及时报警为警方提供有价值的线索。

110吗，××宾馆发生了爆炸！

**2. 遇有匿名威胁爆炸或扬言爆炸时自救**

（1）信：要"宁可信其有，不可信其无"，不能心存侥幸心理。

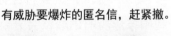

有威胁要爆炸的匿名信，赶紧撤。

（2）快：尽快从"现场"撤离。

（3）细：细致观察周围的可疑人、事、物。

（4）报：迅速报警，让警方了解情况。

（5）记：用照相机或者摄像机等将"现场"记录下来。

**3. 遇到枪击恐怖袭击时的自救**

（1）掩蔽物最好处于自己与恐怖分子之间。

（2）选择密度质地不易被穿透的掩蔽物。如墙体、立柱、大树干、汽车前部发动机及轮胎等；但木门、玻璃门、垃圾桶、灌木丛、花篮、柜台、场馆内座椅、汽车门和尾部等不能够挡住子弹，虽不能作为掩蔽体，但能够提供隐蔽作用，使恐怖分子在第一时间不能够发现你，为下一步逃生提供了时间。

（3）选择能够挡住自己身体的掩蔽物。有些物体质地密度大，但体积过小，不足以完全挡住自己身体，就起不到掩蔽目的。如路灯杆、小树干、消防栓等。

（4）选择形状易于隐藏身体的掩蔽物。掩蔽体形状规则，就容易躲避子弹，隐藏身体，如立柱；不规则物体容易产生跳弹，掩蔽其后容易被跳弹伤及，如假山、观赏石等。

4．遇到化学恐怖袭击时的自救

近年来，化学、生化恐怖袭击事件也时有发生。1995 年 3 月 20 日早晨 8 时左右，以东京地铁霞关站（日本部分中央政府机关所在地，是东京的政治心脏地带）为中心的日比谷线、九之内线和千代田线上五列地铁列车

和 16 个地铁车站遭到沙林毒气的袭击，共有 5 511 人中毒，其中 12 人死亡。

（1）不要惊慌，进一步判明情况。化学恐怖袭击多利用空气为传播介质，使人在呼吸到有毒空气时中毒。常伴有异常的气味、异常的烟雾等现象。

（2）尽快掩避。利用环境设施和随身携带的物品遮掩身体和口鼻，避免或减少毒物的分割侵袭和吸入；

（3）尽快寻找出口，迅速有序地离开污染源或污染区域，尽量逆风撤离。

快回来，要逆风跑！

（4）及时报警，请求救助。可拨打 110、119、120 报警。

（5）进行必要的自救互救。采取催吐、洗胃等方法，加快毒物的排出。

（6）听从相关人员的指挥。

（7）配合相关部门做好后续工作。

5．遇到核与辐射恐怖袭击时的自救

（1）不要惊慌，进一步判明情况。

（2）尽快有序撤离到相对安全的地方，远离辐射源。

（3）利用随身携带的物品遮掩口鼻，防止或减少放射性灰尘的吸入。

（4）及时报警，请求救助。

（5）听从相关人员的指挥。

（6）配合相关部门做好后续工作。

6．遇到生物恐怖袭击时的自救

（1）不要惊慌，尽量保持镇静、判明情况。

（2）利用环境设施和随身携带的物品，遮掩身体和口鼻，避免或减少病原体的侵袭和吸入。

（3）尽快寻找出口，迅速有序地离开污染源或污染区域。

（4）及时报警，请求救助，可拨打 110、119、120 报警。

（5）听从相关人员的指挥。

（6）不要回家或到人员多的地方，以避免扩大病源污染。

（7）配合相关部门做好后续工作。

7．被恐怖分子劫持后自救

（1）保持冷静，不要反抗，相信政府。

（2）不对视，不对话，趴在地上，动作要缓慢。

（3）尽可能保留和隐藏自己的通讯工具，及时把手机改为静音，适时用短信等方式向警方（110）求

遇到恐怖分子劫持保持冷静，不反抗，相信政府。

救，短信主要内容：自己所在位置、人质人数、恐怖分子人数等。

（4）注意观察恐怖分子人数、头领，便于事后提供证言。

（5）在警方发起突击的瞬间，尽可能趴在地上，在警方掩护下脱离现场。

**案例分析**

◆案例：2010 年 3 月 29 日，俄罗斯莫斯科地铁发生连环爆炸，

造成 41 人死亡，82 人受伤。事发当时，停靠在地铁站的列车中一节车厢发生爆炸，之后不到 1 小时，同一条地铁线上的文化公园站也多次发生爆炸。

事后经查明，该爆炸属于恐怖分子有计划、有组织、有预谋地实施的恐怖活动，但面对爆炸恐怖袭击，车内乘客表现出较高的自救能力，乘客伤亡也主要是由于爆炸所导致，且爆炸事故发生后，乘客能及时按地铁公司工作人员的指令及时、有序疏散，没有造成人员踩踏伤亡事故。爆炸车厢内幸存的乘客还根据记忆，第一时间向警方反映了可疑恐怖分子的体貌特征。警方通过调取监控录像、结合乘客反映的恐怖分子体貌特征，及时锁定嫌疑人，并将正准备实施恐怖活动的恐怖分子抓获，使其不能继续从事恐怖活动，避免了更大的人员伤亡。

 **特别提示**

（1）遭遇恐怖袭击时要保持镇静，不能因为恐慌影响了正常的判断。

（2）判明自己目前是否面临危险，如暂时无危险，在确保个人安全的前提下，迅速离开危险区域或就地掩蔽。

（3）具备报警条件时要及时报警，报告最重要的内容，包括地点、时间、发生什么事件、后果等。如枪击事件位置、嫌疑人物、体貌特征、衣着打扮、伤亡人数等；纵火事件说清发生火灾地点，如哪个区、哪条路、哪个住宅区、第几栋楼、几层楼、附近有无危险物等。

（4）什么情况下可能发生了化学恐怖袭击。

①异常的气味。如大蒜味、辛辣味、苦杏仁味等。

②异常的现象。如大量昆虫死亡、异常的烟雾、植物的异常变化等。

气味异常，恶心、胸闷
可能是化学恐怖袭击。

③异常的感觉。一般情况下当人受到化学毒剂或化学毒物的侵害后，会出现不同程度的不适感觉。如恶心、胸闷、惊厥、皮疹等。

④现场出现异常物品。如遗弃的防毒面具、桶、罐、装有液体的塑料袋等。

（5）什么情况下可能发生了生物恐怖袭击。

①事件区发现不明粉末或液体、遗弃的容器和面具、大量昆虫。

②微生物恐怖袭击后 48 ～ 72 小时或毒素恐怖袭击几分钟至几小时，出现规模性的人员伤亡。

③在现场人员中出现大量相同的临床病例，在一个地理区域出现本来没有或极其罕见异常的疾病。

④在非流行区域发生异常流行病。

⑤患者沿着风向分布，同时出现大量动物病例等。

## 二、社会暴力事件

社会暴力事件是指某一特定群体为满足某种要求或基于某种诱因，以暴力方式公然实施危害社会的行为，并导致事态扩大，冲突加剧，严重扰乱社会秩序，危害公共安全，破坏国家政治稳定，社会安定团结，应当立即予以处置的事件。

 **社会暴力事件的特点**

（1）政治目标明确，破坏祖国统一。

（2）手段残忍，其有浓厚的恐怖主义色彩。

（3）组织有序、分工明确、计划周密。

（4）具有强烈的反人类、反社会、反国家性。

（5）具有复杂的政治背景和典型的宗教极端主义色彩。

（6）充分利用网络科技手法。

 **社会暴力的危害**

（1）严重破坏民族团结和社会和谐稳定的良好局面。

（2）严重破坏经济建设和对外开放形象。

（3）严重危害人民的生命和财产安全。

（4）严重影响人民群众的正常生产和生活秩序。

（5）严重危害青少年的健康成长。

（6）严重践踏国家法律。

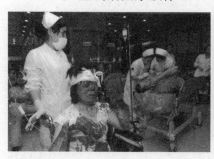

## 自救对策

（1）跑向部队、政府机关、大型工地和监控覆盖区域，向有监控覆盖的主干道跑，千万不要因为想躲避而进入背街小巷。事实证明，最惨的都发生在背街小巷，因为：

①暴徒不傻，不愿在监控探头下施暴。施暴被探头记录的头像事后被制作成图册，在抓捕中使用。

②在警方抓捕时，暴徒一般会选择通过背街小巷逃走或躲避，这时可能遭遇对方在逃命，穷凶极恶，会对相遇的人实施暴力侵害。

③防暴车辆、救护车辆进入不便。

（2）不要跑向处在暴乱区域内的派出所和公安局，因为这是对方围攻的重点，即使警方有能力控制围攻也顾不上保护和妥善安置。

（3）不要跑向小型工地、流动人口聚集区域、平房、自建房、出租房屋多的区域，因为对方会选择农民工、流动人口等弱势群体作为主要施暴对象。

（4）跑时要观察好现场状况，跑对方向，不要慌不择路反而从边缘进入严重区域。如果有条件，观察发现现场组织者，如臂绑白毛巾的、站在车顶上的、振臂高呼的等；发现对方车辆，如任何路况下左转向灯都闪个不停的。发现上述人员和车辆，如果在室外，跑时避开他们指示的方向,如果在室内,拍照取证,记下人员和车号。

（5）暴乱多由聚集游行演变，大部分为行进式，除非事先选定或临时确定的主要地点外，暴徒需要向前进行，因此：

①迅速进入路边的建筑物，紧闭门窗，做好灭火准备。暴徒进入的只有价值高、人员少、楼层低、较开阔的建筑，像医院等基本

上是冲开大门，冲到大厅就走了，没有大量人员通过狭窄的楼梯或使用电梯上楼。

②如果在路上因没跑掉而被围殴，反抗无效时，装死确实是有效的办法，因为他们的目的就是把人打死，让他以为目的已达到。做好心理准备，有时他们会搜身，拿走钱包和手机。

（6）暴力恐怖事件中，对暴徒来说"恐怖"是非常重要的目的，因此：

①他们打头部，用最短时间造成最大伤害和最惨的视觉效果，所以一定要保护好头部。

②事后有死者家属接到暴徒用死者手机打来的电话，进行嘲弄恐吓，造成精神伤害。

（7）车子被人群围困要努力驶离现场。如果可以开出骚乱区域，则熄火后离开。如果处在骚乱中心区域，则开离骚乱人群，注意观察路边建筑，开离一段距离后，离车躲入路边建筑物。点燃车辆并使其爆炸是项技术活，行驶中的车辆起火一般是被扔了燃料瓶，不能因过度恐慌而离开车辆，陷入暴徒围殴。

（8）暴徒离去后，如果受伤无法自救或移动，要努力拨打110、119、120，寻求帮助。

（9）如果遇到的暴徒人数不是很多，可组织楼里或小区的人拿起棍棒自卫。如果发现大规模暴徒进入所在区域，而这一区域又没有监控的情况下，在房子里躲好，拨打110电话，让警方了解情况，合理部署警力。

（10）如果在安全的地方，又能通过窗户、门缝什么的看到暴行，用手机、相机、DV取证，重点拍脸、车号。

（11）在室内保护好老人、儿童和孕妇，避免看血腥场面。类似现场，曾有老人因为从阳台上目睹暴行而心脏病发死亡。

（12）暴乱后会封城，城内全部戒严，所以要提前做好物资储备。

（13）政府控制局势后，暴徒活动由明转暗，可能有暗杀、针刺之类，减少去人群密集场所，减少乘坐公共交通工具，避免陌生人近身。特殊时期要表现强势，犯罪分子一般不选择强势的人作为人身侵害目标。

（14）政府控制局势后，看到人群聚集，要搞清状况，不要随便乱跑。有人看到聚集不想惹麻烦而转身跑开，但是跑的动作引起人群猜疑，被追上打死。

（15）正确面对心理危机。面对震惊、恐惧、不知所措、痛苦、焦虑和情绪紊乱，面对完全不自控的身体反应，狂跳的心脏，连续数十小时睡不着一分钟，大脑思维不受控制不由自主翻来覆去的想，所以要注意控制情绪，控制思维，以便作正确判断。

（16）谣言满天飞。保持理智，明辨信息与谣言，不要让谣言对自己的判断力产生负面影响。

### 案例分析

◆案例：2009 年 7 月 5 日，新疆维吾尔自治区乌鲁木齐市发生打砸抢烧严重暴力犯罪事件，事件造成 197 人死亡，1 600 余人受伤，严重破坏了当地人民群众的生产、生活和工作秩序。

事件中，由于政府处置措施有力，老百姓面对暴力犯罪事件时的自救措施得当，科学、合理、有力地和犯罪分子作斗争，有效地保护了自身财产的安全。7 月 5 日早上 8 时，有关部门及时将事件情况和"今天不要上班，出事了"的短信发到了老百姓手机上，并在电视里滚动播放了新疆自治区主席努尔·白克力关于"7·5"事件的讲话，及时将真实信息传达给老百姓，避免老百姓慌乱，有利于老百姓更好地和暴力犯罪分子作斗争。7月5日21时许，20多名暴徒对某小区进行打砸抢烧。"看着这些人横冲直撞，我赶紧把小区大门锁上。"门卫阿尔大叔说，"隔着大门，我们对暴徒怒目而视，他们不得不悻悻地走了。"面对暴徒袭击，不要轻易到大街上走动，要紧锁大门，防止被冲击也是重要而有效地自救措施。此外，事件中，有的老百姓得知有暴徒袭击时，及时跑向了公安局，将事件情况报告了公安人员，得到了公安人员很好的保护，且提供的消息对公安人员处置事件起到了积极作用。

## 特别提示

（1）遇到暴力事件时，要避免慌乱，要相信政府，及时向军队、公安等部门聚集的地方疏散。

（2）及时将房间门、窗紧闭，等待救援。

（3）保持镇定，不要慌乱，相信政府能处理好暴力事件。

（4）暴徒人数较少时，可组织人员采取相应措施和暴徒作斗争。

## 三、校园暴力事件

校园暴力，顾名思义是指发生在学校及其附近以教师或学生为施暴对象的恃强凌弱的暴力行为。其广泛性、危害性近几年来上升至前所未有的高度。校园本该是一方净土，文明的殿堂。然而，近年来校园暴力事件时有发生，给宁静的校园蒙上了一层阴影，校园暴力对学生心理上的影响远大于实际的危害。2012 年 12 月 14 日，美国康涅狄格胡克小学发生校园枪击惨案，造成 28 人死亡，其中包括 20 名儿童。2007 年 4 月 16 日在美国弗吉尼亚理工学院暨州立大学发生的两次枪击事件，连同凶手在内，共有 33 人死亡，并至少造成 23 人受伤，它是美国历史上死亡人数最多的校园枪击案。2010 年 3 月 23 日，福建南平市实验小学发生一起惨绝人寰的特大凶杀案：一名被辞退的医生用尖刀刺向了正在校门口等待上学的孩子。凶杀案造成当场死亡 3 人，送医院救治 10 人，经抢救无效后又死亡 5 人。

 **校园暴力事件的特点**

### 1. 低龄化

近年频频发生的校园暴力，有一个引起社会广泛关注的特点是施暴主体低龄化。从一些材料来看，他们基本上是 18 周岁以下的未成年人。他们的情况比较复杂，有的从小父母离异，流落街头；有的学习成绩跟不上，是应试教育的失败者，中途辍学，无所事事，结交了不良伙伴。这些人走上社会后，可以用两个字对他们的生存状况进行描述：游荡。他们一天到晚闲得无聊，惹是生非。

"空虚"是他们内心世界的主要特点。他们经常在学校周边活动，伺机寻找施暴对象。施暴目的一般在于钱财。常常是几人一伙，在校园周围游荡。学生放学后，对那些背着书包的学生拦路索要，索要不成，便挟持到偏僻处进行毒打。一般地，只要得到钱或口头保证，就万事大吉，可以回家，只不过受些皮肉之苦而已。如果口袋没钱，又无视他们的要求，就可能有生命危险。据中国青少年犯罪研究会的统计资料表明，近年青少年犯罪总数占到了全国刑事犯罪总数的 70% 以上，而且在整个

青少年犯罪中，18 周岁以下的青少年犯罪占 80% 以上。他们本该在学校的花季般的岁月，却逃离了学校、家庭企盼的视野，在颓废与空虚中成了危害同龄人的凶手。

## 2. 群体性

施暴者有的是社会上游手好闲的青少年，有的则是在校学生。但不论是校外青少年还是在校学生，他们大多都是团伙作案，或二三人，或七八人不等，较少单枪匹马单独行动。云南省西畴县有一个由 100 多名乳臭未干的乡村中学生组成的无恶不作、以"跨世纪集团"为代号的黑社会组织，将学校作为他们主要实施犯罪的对象之一，经常向学生强行索要所谓"保护费"，动辄殴打学生，并经常借故闯进校园，无故寻衅，滋生事端，严重影响了学校正常的秩序。更令人发指的是，他们还挟持女学生去校外轮奸，无故殴打"碍手碍脚"的学校保卫人员，成为当地一霸。

3．社会性

有人用了一个生动的比喻来形容学校与社会的联系，说是"只要社会上有人感冒，学校就有人打喷嚏"。是的，学校本来就是社会的一部分，与社会有着千丝万缕的联系。因此，社会上的种种现象必然会影响到圣洁的校园。从近年发生的一些校园暴力事件来看，它们大多都与社会有着这样那样的直接联系。或校外施暴者找老师或学生无故寻衅，或校外发生的暴力事件与学生有关联，或在校学生纠集校外不良少年到校园或校园附近闹事。总之，纯粹的、与社会无关的校园暴力事件微乎其微。例如，2002年4月在浙江永嘉破获的一个案件，就是由于在校学生与校外一个由青少年组成的带黑社会性质的团伙的矛盾引起的。其中一学生因与校外那个由青少年组成的团伙有纠葛，就在校内组织了一个由在校学生组成的团伙，并购置了枪弹，准备与社会上的团伙对抗，幸好被及时破获，没有酿成惨祸。这就是典型的与社会密切相关的校园暴力事件。

## 校园暴力的类型

（1）肉体伤害。如打架、欺负弱小同学，甚至伤害老师。

（2）校园凶杀。如2004年云南大学马加爵将4名同学杀害。

（3）校园抢劫。如高年级或辍学在家的在校园周边对弱小同学实施的一种以借钱为借口的抢劫行为。

（4）校园性侵犯。此类暴力一般多发于团伙，表现为对女同学的性方面的侮辱。

（5）校园黑社会。校园暴力越来越集体化，而更多地带有黑社会性质。如帮派、收取保护费等有组织形式的校园暴力。

 ## 校园暴力的危害

校园暴力在很多人的心里都留下很深的烙印。这种不良影响，不仅仅体现在受害者，也使施暴者的心灵成长和社会前途增添了大量的阻力。

### 1. 施暴者

（1）犯罪道路。那些常在中小学打架，特别是加入到暴力帮派的学生很多都走上了犯罪的道路。

（2）社会遗弃。很难获得社会（主要是学校和家庭）的认可，社会归属感长期得不到满足。

（3）"捷径"意识。喜欢畸形发展道路，好逸恶劳，不善于积累，难以感受到小成功的激励。

### 2. 受害者

（1）肉体损伤甚至残疾。

（2）懦弱。缺乏信心和勇气，自卑，逃避。

（3）痛苦。心灵的阴影和伤害。

 ## 学校如何预防校园暴力

（1）学校设门卫。门卫要符合以下条件：无违法犯罪记录；

无传染性疾病；思想正派，责任心强。

（2）学校门卫实行轮换值班制度。寄宿制学校24小时值班；非寄宿制学校在学生上课时间前30分钟开始值班，放学以后30分钟下班，上述时间之内必须有门卫值班。

（3）进入学校的人员，必须持有本校的学生证、工作证、听课证或者学校颁发的其他进入学校的证件。未持有规定证件的人员进入学校，应当向门卫登记后进入学校。门卫在登记时必须查验证件、问明事由后才能放行，如果有条件联系到相关人员，门卫有联系并核实的义务。

（4）对于不能说明事由或者不能出示有效证件的来访人员，一律不得放行，应来访者要求，可以与学校办公室或者有关老师、学生联系。

（5）有人强行闯入校园，门卫要立即报警并报告学校负责人和相关负责老师，采取措施最大限度保护学生和老师的安全。

（6）老师要平等对待学生，不得歧视学习成绩差或有其他缺点的学生。

（7）老师不得体罚或变相体罚学生。

（8）老师语言要文明，不得侮辱学生。

（9）老师不得翻看学生信件、日记。

（10）老师发现学生携带违反法律法规或校规校纪的物品时要暂时收缴，并及时交给有关部门或学生家长，除此以外老师不得没收、处置学生的财物。

（11）课间休息时间、午休时间等有学生在校的时间，校园内要有老师或者保卫人员进行巡逻。

（12）老师要积极教育学生不得有不良行为。

（13）老师应该就学生的不良行为与学生家长积极沟通，共同商量，制定教育措施。

（14）发现学生人身安全受到他人威胁或涉嫌参与犯罪组织的，老师要及时向学校报告并配合学校向公安部门报告，同时将情况及时通知家长。

（15）老师发现父母或其他监护人侵害中小学生的合法权益或不履行监护职责的，应当及时向学校报告并配合学校向教育行政部门、未成年人保护组织、公安部门反映。

（16）建立与家长联系制度，学校要掌握家长的有效联系方式。

（17）保障校园环境良好、安全。

 **学生如何预防校园暴力**

1. 不轻信陌生人

（1）家长不在家时，有人敲门，不要轻易去开，要从门镜或门缝中看看，如果不认识，绝不能开门。

（2）陌生人来电话时，如果家长不在家，不要告诉陌生人家中没有人，只告诉他家中现在有事，让他过一会再来电话。

（3）如果有人敲门卖东西时，不要开门，只是回答"不买"；认为可疑时，可打电话报警，没有电话，可以通过窗户向外边过路人求援。

（4）不带陌生人到家中来，也不到陌生人家中去。

（5）不把家门钥匙挂在脖子上，也不要露在外边。

（6）放学回家时，如果一个人回家，而且家中又没有人，在开门之前应先看看是否有人尾随，然后再开门进家。

（7）放学时，如果有陌生人在校门口接（或者就是家长、朋友让来接），不要跟着陌生人走，并把这种情况告诉老师。

（8）放学后按时回家。

**2. 不贪小便宜**

（1）不接受陌生人送的礼物、食品、文具等。

（2）不和陌生人去游乐场、文艺厅、公园等地玩。

（3）不乘坐陌生人的汽车或其他车辆。

**3. 要提高警惕**

（1）遇到陌生人问路时，可以指给陌生人方向，告诉他怎么走，但不要为他带路，特别是偏僻的地方。

（2）如果遇到陌生人不怀好意时，要敢于斗争，但不能蛮干，要有智谋，必要时要高声呼叫，要注意陌生人的相貌特征。

（3）要记住自己家长的姓名、工作单位、电话，发生问题时，要及时和家长联系。

（4）晚上最好不要一个人出门去玩。

（5）晚上如果到外边上厕所，要有大人陪着。

## 学校对策

（1）立即报警。直接拨打110。

（2）立即选派应变能力强、身体强壮的老师与犯罪嫌疑人周旋，对犯罪嫌疑人进行劝说，以拖延时间，尽一切可能制止正在发生的暴力事件，并组织师生安全撤离到安全区域。

（3）保护好受到暴力事件侵害的师生，将他们送到安全处。

（4）如果已发生伤害事故，要以最快的速度将伤员送往就近医院进行抢救，并通知家长或亲属。

（5）迅速将相关情况速报区教育局。

（6）协助警方维持秩序，配合警方调查，做好善后处理工作。

## 学生对策

（1）告诉孩子遇到校园暴力，一定要沉着冷静。采取迂回战术，尽可能拖延时间。

（2）必要时，向路人呼救求助，采用异常动作引起周围人注意。

（3）人身安全永远是第一位的，不要去激怒对方。

（4）顺从对方的话去说，从其言语中找出可插入话题，缓解气氛，分散对方注意力，同时获取信任，为自己争取时间。

（5）教育孩子上下学尽可能结伴而行。

（6）给孩子的穿戴用品尽量低调，不要过于招摇。

（7）遭受行为暴力时的自救。如果被攻击者殴打该怎么办？一是找机会逃跑；二是大声呼救；三是如果以上退路被攻击者截断，那么应双手抱头，尽力保护头部，尤其是太阳穴和后脑。

（8）在学校不主动与同学发生冲突，一旦发生及时找老师解决。

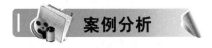

**案例分析**

◆案例：台北县鹭江小学 8 岁男孩黄某遭绑架后，为保护好自己，与歹徒相处过程中不吵不闹。嫌犯游某要其打电话给其母时，小黄还假意称："叔叔很好，买麦当劳给我。"要母亲把钱交给嫌犯，借此降低嫌犯行凶的可能性。

7 月 31 日下午被嫌犯释放后，小黄比较清晰地描述出了嫌犯的相关特征、绑架他时所走路线及周边环境特征，还画出了歹徒藏匿处的内部陈设。这些线索帮助警方在 21 小时内成功破案。令警员惊叹的是，他的记忆几乎与现场完全一致。

这位成绩优异的小学生对警员说，回想起学校曾教过的"反勒索五招"，在被绑架后并不觉得害怕。他的班主任介绍，这位机灵且早熟的小朋友在被解救后还打电话给她说："对不起老师，让学校操心了。"据介绍，这回让小黄派上用场的"反勒索五招"是指：① 衡量歹徒人数及发生地点是否对自己有利；② 尽量保护自己不受到伤害；③ 找借口婉言拖延，寻求脱身机会；④ 伺机遁逃；⑤ 牢记歹徒的姓名、身形、特征以及发生的时间、地点和过程。

**特别提示**

（1）不做逆来顺受的学生。大多数学生遇到勒索就乖乖给钱。事后，他们不但不敢告诉家长或老师，更不敢报警，甚至警方在破案过程中找到他们时，他们也不敢出面作证。这反倒会助长犯罪分子的嚣张气焰。

（2）不要以暴力制暴力。受害的学生用以暴制暴的方式解决问题，自然是愚蠢的，因为它不但不能让暴力远离自己，反而会使暴力离自己越来越近，直至使自己完全滑进暴力的泥潭中无法自拔。这种恶性循环的链条越长，校园暴力的发展越迅猛，其影响也就越恶劣。

（3）在威胁与暴力来临之际，首先告诉自己不要害怕。要相信邪不压正，终归大多数的同学与老师，以及社会上一切正义的力量都是自己的坚强后盾，会坚定地站在自己的一方，千万不要轻易向恶势力低头。而一旦内心笃定，就会散发出一种强大的威慑力，让坏人不敢贸然攻击。

（4）大声地提醒对方，他们的所作所为是违法违纪的行为，会受到法律纪律严厉的制裁，会为此付出应有的代价。同时迅速找到电话准备报警，或者大声呼喊求救。

（5）如果受到伤害，一定要及时向老师、警察申诉报案。不要让不法分子留下"这个小孩好欺负"的印象，如果一味纵容他们，最终只会导致自己频频受害，陷入可怕的梦魇之中。

## 四、校园踩踏事件

近年来，国内外踩踏事件时有发生，造成了大量人员伤亡和财产损失。2010 年 11 月 22 日，柬埔寨首都金边送水节庆祝活动发生踩踏事件，造成 349 人丧生，410 人受伤。 2004 年 2 月 5 日晚 7 时 45 分密云县密虹公园举办的密云县第二届迎春灯展因一观灯游人在公园桥上跌倒，引起身后游人拥挤，造成踩死挤伤游人的特大恶性事故，造成 37 人死亡，15 人受伤。

校园是踩踏事件发生的重灾区，2009 年 7 日晚，湖南省湘潭市辖内的湘乡市私立育才中学发生一起伤亡惨重的校园踩踏事件，一名学生在下楼梯的过程中跌倒，骤然引发拥挤，造成 8 人死亡，26 人受伤。2010 年 11 月 29 日 12 时许，距乌鲁木齐千余公里的新疆阿克苏市五校发生一起踩踏事故，造成 41 名学生受伤，其中轻伤 34 人、重伤 6 人、病危 1 人。校园踩踏事故一经发生，几乎都会造成学生伤亡的结果，且往往是群体性伤亡，危害极大，影响恶劣，社会关注度高。

## 校园踩踏事件的特点

（1）易发生事故时间：事故多在下晚自习、下课、上操、就餐和集会时，学生集中上下楼梯，且心情急切。

（2）易发生事故地点：事故多发生在教学楼楼层之间的楼梯转角处。

（3）易发生事故的学生群体：事故发生主要集中在小学生和初中生。他们年龄较小，自我控制和自我保护能力较差，遇事容易慌乱，使场面失控，造成伤亡。

（4）易发生事故的设施设备因素：一是通道狭窄，楼梯，特别是楼梯拐角处狭窄，不能满足学生集中上下的需要；二是建筑不符合标准，一栋楼只有一个楼梯，不易疏散；三是照明不足，晚上突然停电或楼道灯光昏暗，没有及时更换损坏的照明设备，也容易造成恐慌和拥挤。

（5）易发生事故的管理因素：一是学生在集中上下楼梯时，没有老师组织和维持秩序；二是学生上晚自习时没有老师值班，下课时无人疏导；三是个别学生搞恶作剧，在混乱情况下狂呼乱叫，推搡拥挤，致使惨剧发生；四是没有对学生和教师进行事故防范教育和训练，无应急措施。

## 校园踩踏事件的危害

### 1. 危害师生安全

由于校园人员密集，一旦发生踩踏事件，易造成学生、教师人

身伤亡，影响师生身体健康。2005年10月25日晚，因为楼道突然熄灯、有人大喊"鬼来了"，四川巴中市通江县广纳镇中心小学发生严重踩踏事故，8名学生死亡，45人受伤。

### 2. 影响家庭幸福和社会稳定

校园踩踏事件造成学生伤亡后，不仅是一个又一个年轻的生命瞬间消逝，同时是一个又一个幸福家庭的随之破裂，甚至一定程度上可能影响社会和谐、稳定。

## 学校如何预防校园踩踏事件

（1）确保教学楼的楼梯、通道、照明等校园设施设备符合国家相关安全规定和标准。

（2）合理安排班级教室，集体通行时实行分年级、分班级逐次下。学校在安排教室时，要严格控制每个楼层的班级数，每层一般不宜超过4个班级。同时，要尽可能将大班、低年级学生安排在底楼或较低楼层，以减轻教学楼楼梯、通道的通行压力。在学生上操、集会、放学、晚自习下课等场合，学校可适当错开学生通行的时间，实行分年级、分班级逐次下楼，并形成制度。在学生集合时，学校不要一味求快，要给学生的通行留出足够的时间，防止因通行速度过快而发生意外。

（3）张贴安全提示语，建立楼梯、楼道值班制。学校应当在教学楼楼道、楼梯的墙面上张贴安全通行提示语（如"靠右慢行，不要拥挤，禁止打闹"等），培养学生安全、文明的通行习惯。

（4）在学生下课、上操、集会、放学时，学校应安排教师在楼道、楼梯值班，负责疏导通行，维持秩序。每一个楼层的楼道、楼梯至少应当有一名教师在值班。值班教师要提醒学生慢走、不要拥挤，要及时制止学生的打闹、推人等危险性行为，发生危险时要及时、有序地将学生疏散到安全地带。

（5）学校应当教育学生上下楼梯要靠右慢行，不拥挤，不打闹，不搞恶作剧，行走期间不突然弯腰拾物或系鞋带。

 ## 学生如何预防校园踩踏事件

（1）不要在楼梯通道嬉戏打闹，人多的时候不拥挤、不起哄、不制造紧张或恐慌气氛。无论什么时间上下楼梯都要靠右行走，不跑、不追、不逆行。

（2）尽量避免到拥挤的人群中，不得已时，尽量走在人流的边缘。每天上完早操和课间操，各班按顺序回班，过楼道时，不拥挤、不推扯、不打闹、不逆行、不停留。

（3）发觉拥挤的人群向自己行走的方向来时，应立即避到一旁，不要慌乱，不要奔跑，避免摔倒。顺着人流走，切不可逆着人流前进，否则，很容易被人流推倒。

（4）假如陷入拥挤的人流，一定要先站稳，身体不要倾斜失去重心，即使鞋子被踩掉，也不要弯腰捡鞋子或系鞋带。有可能的话，可先尽快抓住坚固可靠的东西慢慢走动或停住，待人群过去后再迅速离开现场。

（5）若自己不幸被人群拥倒后，要设法靠近墙角，身体蜷成球状，双手在颈后紧扣以保护身体最脆弱的部位。在人群中走动，遇到台阶或楼梯时，尽量抓住扶手，防止摔倒。

（6）在拥挤的人群中，要时刻保持警惕，当发现有人情绪不对或人群开始骚动时，就要做好准备保护自己和他人。

（7）在人群骚动时，脚下要注意些，千万不能被绊倒，避免自己成为拥挤踩踏事件的诱发因素。

（8）当发现自己前面有人突然摔倒了，要马上停下脚步，同时大声呼救，告知后面的人不要向前靠近，及时分流拥挤人流，组织有序疏散。

（9）在校内活动时，不许追打跑闹，不要玩危险的游戏和带尖带刃的物品。不许爬高上低、不许坐在栏杆上、不许蹦台阶、不许人背人。

（10）如果放学时遇到停电事故，同学们不要起哄、喊叫，学校有停电应急照明灯，同学们更要有序下楼，保持安静。

（11） 任何同学不准毁坏消防疏散指示灯和标志，同学们一旦遇突发事件不惊慌，增强自护、自救能力。

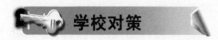 **学校对策**

学校一旦发生踩踏事故，要立刻采取有效的应对措施，最大限度地减少事故对学生造成的伤害。

### 1. 启动应急预案

踩踏事故发生后，学校要立即启动《学校拥挤踩踏事故应急预案》。迅速拨打 120、110 电话呼救，抢救受伤人员。在规定时间内向上级有关部门报告，同时做好伤亡者家长的工作。

### 2. 快速疏导现场人员

学校要利用一切有效手段快速疏导现场人员，让学生尽快疏散到安全地点，禁止无关人员滞留现场，防止有人故意制造恐慌气氛，避免再次发生事故。

### 3. 紧急救护伤者

（1）拥挤踩踏事故发生后，一方面赶快报警，等待救援；另一方面，在医务人员到达现场前，要抓紧时间用科学的方法开展自救和互救。

（2）在救治中，要遵循先救重伤者、老人、儿童及妇女的原则。判断伤势的依据有：神志不清、呼之不应者伤势较重；脉搏急促而乏力者伤势较重；血压下降、瞳孔放大者伤势较重；有明显外伤，血流不止者伤势较重。

（3）当发现伤者呼吸、心跳停止时，要赶快做人工呼吸，辅之以胸外按压。

4. 事故的善后处理

（1）及时向上级行政管理部门报告事故的最新情况，特别是学生伤亡的情况。

（2）组织人员到医院看望受伤学生，协助有关部门处理好治疗、康复和医疗费等敏感问题。

（3）认真接待好家长，并稳定家长情绪。

（4）配合相关部门做好事故调查和善后处理工作。

（5）对学生进行心理辅导，消除事件对他们心理的影响。

## 学生对策

（1）发觉拥挤的学生向着自己行走的方向涌来时，应该马上避到一旁，不要盲目奔跑。

不慎倒地时的自我保护动作

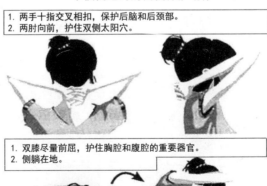

1. 两手十指交叉相扣，保护后脑和后颈部。
2. 两肘向前，护住双侧太阳穴。

1. 双膝尽量前屈，护住胸腔和腹腔的重要器官。
2. 侧躺在地。

（2）遭遇其他同学冲上来时，行走、站立要稳，不要采用体位前倾或者低重心的姿势。鞋子被踩掉，也不要贸然弯腰提鞋或系鞋带。

（3）当发现自己前面的同学突然摔倒了，要马上停下脚步，同时大声呼救，告知后面的人不要向前靠近。

（4）如有可能，抓住一样坚固牢靠的东西，如栏杆之类，待人群过去后，迅速而镇静地离开现场。

（5）若被推倒，要设法靠近墙壁。面向墙壁，身体蜷成球状，双手在颈后紧扣，以保护身体最脆弱的部位。

## 案例分析

◆案例：2006年11月18日晚，江西省都昌县土塘中学初一年级学生在上完晚自习下楼时，因拥挤踩踏造成人员伤亡（据说是有一名学生系掉了的鞋带）。有6人在送往医院抢救途中死亡，11人受伤。

在此次踩踏事件中，部分学生由于自救措施得当，有效地保障了自身的安全。首先，部分学生看到人群聚集比较多后，没有凑热闹的心理，没有进入拥挤的人群，确保了自身安全。其次，有的学生看到人群比较混乱后，没有立即返身，没有逆行，和大多数学生前进方向保持一致，也在事故中幸免于难。最后，部分学生虽然在事故中摔倒，但因是靠在墙角，仅受了点轻伤，没有受到严重伤害。

**特别提示**

（1）在拥挤的人群中，一定要时时保持警惕，不要总是被好奇心理所驱使。当面对惊慌失措的人群时，更要保持自己情绪稳定，不要被别人感染，惊慌只会使情况更糟。

（2）已被裹挟至人群中时，要切记和大多数人的前进方面保持一致，不要试图超过别人，更不能逆行，要听从指挥人员口令。同时发扬团队精神，组织纪律性在灾难面前非常重要，心理镇静是个人逃生的前提，服从大局是集体逃生的关键。

（3）如果出现拥挤踩踏的现象，应及时联系外援，寻求帮助。赶快拨打 110 或 120 等。

## 五、纵火事件

纵火是指故意放火造成他人生命、财产安全受到损害或危害的行为。由于纵火易于实施，危害大，纵火已成为犯罪分子实施非法侵害的重要手段之一，且由于火灾的蔓延大，常会演变成威胁公共生命、财产安全的事件。因此，公民掌握必要的纵火事件中的自救和逃生技能迫切而必要。

**纵火事件的特点**

### 1. 危害公共安全

纵火常威胁到公共安全，即不特定多数人的生命、健康或重大公私财产的安全。也就是说，纵火行为一经实施，就可能造成不特定多数人的伤亡或者使不特定的公私财产遭受难以预料的重大损失。纵火后果的严重性和广泛性往往是难以预料的，甚至是行为人自己也难以控制的。

### 2. 纵火的手段性

在纵火事件中，纵火通常只是手段。犯罪分子通过纵火焚烧公私财物，以危害公共安全。如有的纵火案中，通过燃烧衣物、家具、农具等价值较小的财物，实际上是以衣服、家具、农具等作为引火物，意图通过燃烧衣物、家具、农具等更大的火灾，造成更多的人员伤亡和财产损失。

### 3. 主观上表现为故意

在纵火事件中，犯罪分子明知自己的纵火行为会引起火灾，危害公共安全，并且希望或者放任这种结果发生的心理态度。如某电气维修工人，发现其负责维护的电气设备已经损坏，可能引起火灾，而他不加维修，放任火灾的发生。

 **纵火事件的危害**

### 1. 造成大量人员伤亡

纵火事件常易造成大量的人员伤亡。2009 年 6 月 5 日 8 时许，在四川省成都市三环路川陕立交桥进城方向下桥处，一辆 9 路公交汽车突发燃烧，造成乘客中 27 人死亡、74 人受伤。事件发生后，公安机关

开展了大量的勘察检验、侦查实验和走访调查工作。认定成都公交车燃烧事件为一起故意放火刑事案件，烧死在车内后部的张云良是故意放火案的犯罪嫌疑人。

### 2．造成大量财产损失

纵火事件常易造成大量的财产损失。2011 年 12 月 29 日夜间至 2012 年 1 月 2 日凌晨，洛杉矶好莱坞及附近地区连续发生 50 多起纵火案，大量汽车被焚毁，造成约 300 万美元的财产损失。

### 3．严重危害公共安全

纵火事件中，犯罪分子以纵火为手段，无视火灾可能会对公共安全造成的巨大危害和损害。2011 年 1 月 23 日， 内蒙古包头市东河区的超越大厦发生火灾，造成 4 人死亡，1 人受伤。火灾扑救过程中，消防人员共疏散了附近 2 000 多名商户，大火中救出 10 余人。经查，犯罪嫌疑人与超越大厦总经理因经济原因发生争执，于是买来汽油实施纵火，但危害的却是与犯罪分子毫不相干的公众的安全。

## 自救对策

### 1．建筑物遭遇纵火的自救逃生方法

（1）熟悉环境，暗记出口。当你处在陌生的环境时，务必留心疏散通道、安全出口及楼梯方位等，以便关键时候能尽快逃离现场。

（2）通道出口，畅通无阻。楼梯、通道、安全出口等是最重要的逃生之路，应保证畅通，切不可堆放杂物或设闸上锁。

（3）扑灭小火，惠及他人。如果火势并不大，且尚未对人造成威胁时，如周围有足够消防器材，如灭火器、消防栓等，应奋力将小火控制扑灭。

（4）保持镇静，明辨方向，迅速撤离。首先要镇静，迅速判断并决定逃生办法，切勿盲目跟从人流和相互拥挤、乱冲乱窜。撤离时要朝明亮处或外面空旷地方跑，要尽量往楼层下面跑。

（5）不入险地，不贪财物。身处险境，应尽快撤离，不要因害怕或顾及贵重物品，而把逃生时间浪费在寻找、搬离贵重物品上。已经逃离险境的人员，切莫重返险地，自投罗网。

（6）简易防护，蒙鼻快跑。逃生时，为防浓烟呛入，可用毛巾、口罩蒙鼻，低姿撤离，可向头部、身上浇冷水或用湿毛巾、湿棉被、湿毯子等将头、身裹好，再冲出去。

毛巾捂鼻迅速撤离

　　（7）善用通道，莫入电梯。发生火灾时，要根据情况选择进入相对较为安全的楼梯通道。除可利用楼梯外，还可利用阳台、窗台、天面屋顶等攀到周围安全地点沿水管、避雷线等建筑结构中凸出物滑下楼。切勿乘坐电梯。

　　（8）缓降逃生，滑绳自救。高层、多层建筑内一般都设有高空缓降器或救生绳，人员可以通过这些设施离开危险楼层。如无专门设施，可利用床单、窗帘、衣服等自制简易救生绳，并用水打湿从窗台或阳台缓滑到安全地带。

（9）避难场所，固守待援。假如用手摸房门已感到烫手，或无法开门，应关紧迎火的门窗，打开背火门窗，用湿毛巾、湿布塞堵门缝或用水浸湿棉被蒙上门窗，不停地用水淋透房间，等待救援。

（10）缓晃轻抛，寻求援助。被烟火围困暂时无法逃离的人员，应尽量待在阳台、窗口等易于被人发现和能避免烟火近身的地方，及时发出有效的求救信号，引起救援者的注意。

（11）火已及身，切勿惊跑。如果发现身上着了火，千万不可惊跑或用手拍打。应赶紧设法脱掉衣服或就地打滚，压灭火苗；能及时跳进水中或让人向身上浇水，喷灭火剂更有效。

**身上着火要设法脱掉衣服或向身上浇水**

（12）跳楼有术，虽损求生。跳楼逃生，也是一个逃生办法，但应该注意的是：只有消防队

员准备好救生气垫并指挥跳楼时或楼层不高（一般 3 层以下），非跳楼即烧死的情况下，才采取跳楼的方法。

2．公交车遭遇纵火的逃生方法

（1）保持头脑冷静。寻找最近的出路，比如门、窗等，找到出路立即以最快速度离开车厢。如果乘坐的公交车是封闭式的车厢，在火灾发生的时候可以使用车载救生锤迅速破窗逃生。如果没有找到救生锤，可以利用一切硬物来砸碎车玻璃逃生。

（2）司乘人员在火灾发生的时候应该将车辆驶往人烟稀少的位置，将乘客疏散至安全地点。如果公交车是在加油站等容易发生爆炸的场所起火，应该立即将车驶离。

（3）利用车载灭火器。当公交车起火时，司乘人员应该立即使用车载灭火器（一般在驾驶员座位旁）将火扑灭。

（4）身上着火就地打滚。如果在逃生过程中，可就地打滚，将火压灭。发现他人身上的衣服着火时，可以脱下自己的衣服或用其他布物，将他人身上的火捂灭。

## 案例分析

◆案例：某年 8 月 25 日晚，乐清市虹桥镇三村振兴小区一商品房遭人纵火，火苗不断地从窗口窜出，由于 5 楼火灾产生的浓烟封锁了楼梯通道，浓烟蔓延到 6 楼居室里，导致 6 楼居室内温度过高，居住在里面的一对夫妻无法逃生，便跑到阳台高呼"救命"。由于受烟熏火烤，夫妻俩在阳台上烫得受不了，幸好阳台上有一接空调水的塑料桶，里面有二三十公斤空调水，夫妻俩不断将水洒到对方身上，还将一条厚浴巾浸湿后蒙在头上，并坚持到消防人员将他们救下。

此次火灾中，6楼夫妻俩人在楼道被浓烟封锁的情况下，能及时跑到阳台大声呼救，让群众和营救人员得知被困人员的具体位置。在营救人员到场前，夫妻两人利用阳台上的空调水往对方的身上洒，并将浴巾浸湿后披在自己的身上，防止火焰烧伤自己，有效保护了自身安全。

**特别提示**

（1）火灾中千万不可钻到床底下、衣橱内、阁楼上试图躲避火焰或烟雾，这些都是火灾现场最危险的地方，又不易被消防人员发现而获救。

（2）千万不能利用一般电梯作为疏散通道，因为电梯井易产生烟囱效应或断电停运，反而让人处于更危险的境地。

（3）逃生时可把毛巾浸湿，叠起来捂住口鼻，无水时，干毛巾也可。餐巾布、口罩、衣服也可以代替。要多叠几层，使滤烟面积增大，将口鼻捂严，防止火灾中产生的一氧化碳让人窒息死亡。

（4）火灾时逃生的常见错误行为

①原路出险。从进来的原路逃生这是人们最常见的火灾逃生行为。因为大多数建筑物内部的道路出口一般不为人们所熟悉，一旦发生火灾时，人们总是习惯沿着进来的出入口和楼道进行逃生，当发现此路被封死时，已失去最佳逃生时间。因此，当进入一幢新的大楼或宾馆时，一定要对周围的环境和出入口进行必要的了解与熟

悉，以防万一。

②向光朝亮。在紧急危险情况下，人们总是向着有光、明亮的方向逃生。而这时的火场中，光亮之地正是火魔肆无忌惮地逞威之处。

③盲目追随。当人的生命突然面临危险状态时，极易因惊慌失措而失去正常的判断思维能力，第一反应就是盲目跟着别人逃生。常见的盲目追随行为有跳窗、跳楼，逃（躲）进厕所、浴室、门角等。克服盲目追随的方法是平时要多了解与掌握一定的消防自救与逃生知识，避免事到临头没有主见。

④自高向下。特别是高层建筑一旦失火，人们总是习惯性地认为：只有尽快逃到一层，跑出室外，才有生的希望。殊不知，盲目朝楼下逃生，可能自投火海。因此，在发生火灾时，有条件的可登上房顶或在房间内采取有效的防烟、防火措施后等待救援。